水力机组辅助设备

SHUILI JIZU FUZHU SHEBEI

主　编　杜　敏
副主编　桂　林　董克青

四川大学出版社

责任编辑:唐　飞
责任校对:蒋　玙
封面设计:墨创文化
责任印制:王　炜

图书在版编目(CIP)数据

水力机组辅助设备 / 杜敏主编. —成都：四川大
学出版社，2013.12
四川大学精品立项教材
ISBN 978－7－5614－7378－8

Ⅰ.①水…　Ⅱ.①杜…　Ⅲ.①水力机组－辅助系统－
高等学校－教材　Ⅳ.①TV735

中国版本图书馆 CIP 数据核字（2013）第 290531 号

书　名	水力机组辅助设备	
主　　编	杜　敏	
出　　版	四川大学出版社	
地　　址	成都市一环路南一段 24 号 (610065)	
发　　行	四川大学出版社	
书　　号	ISBN 978－7－5614－7378－8	
印　　刷	成都蜀通印务有限责任公司	
成品尺寸	185 mm×260 mm	
印　　张	12.75	
字　　数	304 千字	
版　　次	2014 年 9 月第 1 版	
印　　次	2016 年 8 月第 2 次印刷	
定　　价	25.00 元	

◆读者邮购本书,请与本社发行科联系。
　电话:(028)85408408/(028)85401670/
　(028)85408023　邮政编码:610065
◆本社图书如有印装质量问题,请
　寄回出版社调换。
◆网址:http://www.scupress.net

序

    《水力机组辅助设备》是能源与动力工程专业（水利水电动力工程方向）的专业课，该课程直接面向工程实际，为水电站辅助设备的设计、生产、安装、运行、维护提供理论基石，对其他能源动力部门也有借鉴作用。本课程涉及面广，综合性强，各章的最终落脚点是让学生学会设计方法，并能在实际中灵活运用基本概念、原理、方法去分析和解决实际问题。

    教材是根据教学大纲所规定的内容及教学法的要求，以简明扼要的文字、图表，系统阐明一门学科的知识。教材是教师和学生学习的知识载体，一般具有科学性、先进性、适用性，但由于一门教材在投入使用的期间，该学科也在发展进步，故教材内容与学科的发展会存在一定的差距。随着水电建设的发展，一批巨型电站开始投产，水力机组辅助设备的功能也日益完善，性能和自动化水平逐步提升，适应水力机组辅助设备技术发展的本科教材深感缺乏。

    作为专业课教材，全书系统地论述了水力机组辅助设备与监测装置的工作原理、设备选择计算和自动操作系统的组成，考虑了我国大容量水力发电机组的实际，更新了专业知识，新加入了大量近年投产大电站的油气水系统图；同时介绍了圆筒阀（国外早已采用，具有明显的优越性，目前国内很少采用）的结构和操作过程，以扩大学生视野。全书结合教学实践与需要，合理编排了章节次序与内容，保证了教材具有较强的实用性，介绍了先进技术和理论在该专业领域的应用及其发展趋势，体现了教材的先进性。

陈德新

2014 年 6 月 15 日

前　言

本书是按照能源与动力工程专业（水利水电动力工程方向）培养目标的要求而编写的。全书共分 7 章，包括油系统、压缩空气系统、技术供水系统、排水系统、水轮机进水阀及其操作系统、辅助设备系统的设计以及机组水力参数的测量。

全书由杜敏担任主编。其中第 1、3、5 章由四川大学杜敏编写，第 4、7 章由四川大学桂林编写，第 2、6 章由中水北方天津院董克青编写。全书由杜敏统稿。

华北水利水电学院陈德新教授审阅了本书，提出了很多中肯的修改意见，在此表示衷心的感谢！

在编写本书的过程中，有关科研、设计和运行单位以及兄弟院校为我们提供了许多参考资料和宝贵的意见，得到了四川大学教务处和四川大学出版社的大力支持与帮助，在此一并表示感谢。

由于编者水平有限，书中不妥或错误之处在所难免，敬请读者批评指正。

编　者

2013 年 11 月

目　录

第 1 章 油系统

1.1 概述

1.1.1 水电厂用油种类

在水电厂调速器的操作中，机组及其辅助设备的润滑，以及电气设备的绝缘、消弧等，都是用油作为介质完成的。由于设备的工作条件和要求不同，故用油的种类和作用也不同。水电厂用油主要分为润滑油和绝缘油两大类。

1. 润滑油

润滑油分为以下几种：

（1）透平油：供机组轴承润滑及液压操作用（包括调速系统、进水阀、调压阀、液压操作阀等）。

（2）机械油：供电动机、水泵轴承及起重机等润滑用。

（3）压缩机油：供空气压缩机润滑用。

（4）润滑脂（黄油）：供滚动轴承润滑及小型机组导水叶轴承润滑用，并对机组部件起防锈作用。

2. 绝缘油

绝缘油主要用于水电厂电气设备中，其绝缘性能远比空气好，不仅可以吸收和传递电气设备运行时产生的大量热量，还可以将油开关截断负载时产生的电弧熄灭。

绝缘油分为以下几种：

（1）变压器油：供变压器及电流、电压互感器用。

（2）开关油：供油开关用。

在水电厂用油中，用量最大的是透平油（又称为汽轮机油）和变压器油（又称为绝缘油）。大型水电站每年用油量达数百吨乃至数千吨，中、小型水电站也有数十吨到百余吨。为了保证如此大量的油处于良好状态，以完成其各项任务，需要有油供应维护设备组成的油系统。

1.1.2 油的作用

1. 透平油的作用

透平油在设备中的作用主要是润滑、散热和液压操作。

润滑作用：在轴承间或滑动部分间造成油膜，以润滑油内部摩擦代替固体干摩擦，从而减少设备的发热和磨损，延长设备寿命，保证设备的功能和安全。

散热作用：设备转动部件因摩擦所消耗的功转变为热量，使它们的温度升高，这对设备和润滑油本身的寿命、功能有很大的影响，因此必须设法散出其热量。根据油的润滑理论，润滑油在对流作用下将热量传出，再经过油冷却器将其热量传导给冷却水，从而使油和设备的温度不致升高到超过规定值，保证设备的安全运行。

液压操作：在水电站中有许多设备，如调速系统、进水阀、调压阀以及管路上的液压阀等，都必须用高压油来操作。透平油可以作为能量传递的工作介质。

2. 绝缘油的作用

绝缘油在设备中的作用主要是绝缘、散热和消弧。

绝缘作用：由于绝缘油的绝缘强度比空气大得多，用油作绝缘介质可以大大提高电器设备的运行可靠性，缩小设备尺寸。同时，绝缘油还对棉纱纤维等绝缘材料起一定保护作用，提高其绝缘性能，使之不受空气和水分的侵蚀，而不致很快地变质。

散热作用：变压器运行时因线圈通过强大电流将产生大量的热量，此热量若不及时散发，温度过高将损害线圈绝缘，甚至烧毁变压器。绝缘油吸收了这些热量，在油流温差作用下利用油的对流作用将热量传出，再通过油冷却器将热量传给水流而往外散发，保证变压器的功能和安全。

消弧作用：当油开关切断电力负荷时，在触头之间会产生电弧。电弧的温度很高，如果不设法快速地将热量传出，使之冷却，弧道分子的离子化运动就会迅速扩展，电弧也就会不断地发生，这样就可能烧坏设备。此外，电弧的继续存在还可能使电力系统发生振荡，引起过电压，击穿设备。绝缘油在受到电弧作用时，会发生分解，产生约含70%的氢。氢是一种活泼的消弧气体，它一方面在油被分解的过程中从弧道带走大量的热；另一方面也直接钻进弧柱地带，将弧道冷却，限制弧道分子的离子化，并使离子结合成不导电的分子，使电弧熄灭。

1.2 油的基本性质

水电厂用油要起到前述作用，保证设备正常运行，其基本性质至关重要。下面介绍润滑油和绝缘油最重要的性质。

1.2.1 黏度

当液体质点受外力作用而相对移动时，在液体分子间产生的阻力称为黏度，即液体的内摩擦力。油的黏度表示油分子运动时阻止剪切和压力的能力。油的黏度分为动力黏度、运动黏度和相对黏度。动力黏度和运动黏度也合称为绝对黏度。

动力黏度：液体中有面积都为 $1~cm^2$、相距 $1~cm$ 的两层液体，当它们以 $1~cm/s$ 的速度作相对移动时液体分子间产生的阻力即为此液体的动力黏度，以 μ 表示，单位为帕斯卡秒（Pa·s）或毫帕秒（mPa·s）。1 Pa·s=1000 mPa·s。在 CGS 制中，动力黏度以泊（P）或厘泊（cP）表示。1 P=0.1 Pa·s，1 cP=1 mPa·s。

运动黏度：在相同的试验温度下，液体的动力黏度与密度之比称为运动黏度，以 ν

表示，$\nu = \mu/\rho$，单位为平方米每秒（m^2/s）或平方毫米每秒（mm^2/s）。在 CGS 制中，运动黏度以斯（St）或厘斯（cSt）表示。1 cSt=1 mm^2/s。

相对黏度（或称为比黏度）：任一液体的动力黏度 μ 与 20.2℃水的动力黏度 μ_0 的比，称为该液体的相对黏度，以 η 表示，$\eta = \mu/\mu_0$。η 是无量纲的。

工业上常用恩格拉尔（Engler）黏度计来测定液体的黏度，故也称为恩氏黏度，以°E 表示。°E 是无量纲的。温度 t 时 200 mL 的油从恩氏黏度计中流出的时间（T_t），与同体积的蒸馏水在 20℃ 时从同一恩氏黏度计流出的时间（T_{20}）之比（°E = T_t/T_{20}），就是该油在温度 t 时的恩氏黏度。其中，时间 T_{20} 称为恩氏黏度计的"水值"，以标准仪表校验，其数值应在 50～52 s 范围内。

将恩氏黏度（°E）换算为运动黏度时，可按如下的乌别洛德近似公式计算：

$$\nu = \left(0.0731°E - \frac{0.0631}{°E}\right) \ (cm^2/s)$$

油的黏度并不是一个常数值，它是随着温度变化而变化的，所以表示黏度数值时，总是说在什么温度下的黏度。图 1-1 表示油的黏度与温度的关系。

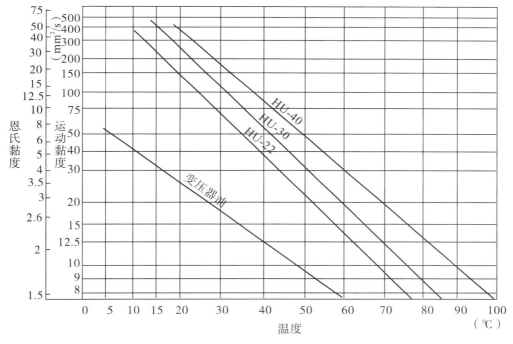

图 1-1　油的黏度与温度的关系

在实际工作中，油品的黏度并不是一般在实验室里所测得的黏度，而是随工作温度和压力变化的一种暂时黏度。

油品的黏度和黏度性质主要取决于它的组成。组成油品的三族烃——烷烃、环烷烃和芳香烃，在碳原子数相同时，芳香烃的黏度最高，烷烃的黏度最低，但不论哪族烃，其黏度都随着分子量和沸点的增加而逐渐增大。因此，组成不同的油品其黏度随压力的变化大小各有不同，但一般油品的黏度都是随着该油当时的温度上升或所受压力下降而降低，温度下降或所受压力上升而增高。

油的黏度是油的重要特性之一。对变压器中的绝缘油，黏度宜尽可能地小一些，因为变压器的绕组是靠油的对流作用来进行散热的，黏度小则流动性大，冷却效果更好。开关内的油也有同样的要求，否则在切断电路时，电弧所形成的高温不易散出，并降低消弧能力而损坏开关。但是当油的黏度降低到一定限度时，闪点也随之降低，因此绝缘油需要适中的黏度，规定在 50℃时，黏度不大于 1.8（恩氏黏度）。

对于透平油，当黏度大时，易附着金属表面不易被压出，有利于保持液体摩擦状态，但会产生较大阻力，增加磨损，使散热能力降低；当黏度小时，则性质相反。一般在压力大和转速低的设备中使用黏度较大的油；反之，用黏度较小的油。规定在 50℃时，对新透平油，轻质的黏度不大于 3.2（恩氏黏度），中质的不大于 4.3（恩氏黏度）。透平油和绝缘油的黏度一般在正常运行中随着使用时间的延长而增加。

1.2.2 闪点

油品都是极易着火的物质，因此研究它们与着火、燃烧和爆炸有关的性质——闪点，对于油品的生产、储运和使用有着很重要的意义。

闪点是保证油品在规定的温度范围内储运和使用上的安全指标，也就是用以控制其中轻馏分含量不许超过某规定的限度，同时这一指标也可以控制它的储运和使用中的蒸发损失，并且保证在某一温度（闪点）之下，不致发生火灾和爆炸。对于变压器，闪点还可预报内部故障。

闪点是在一定条件下加热油品时，油的蒸气和空气所形成的混合气，在接触火源即呈现蓝色火焰并瞬间自行熄灭（闪光现象）时的最低温度。如果继续提高油品的温度，则可继续闪光，且生成的火焰越来越大，熄灭前所经历的时间也越来越长。并不是任何油气与空气的混合气都能闪光，其必要条件是混合气中烃或油气的浓度有一定的范围，低于这一范围油气不足，高于这一范围则空气不足，均不能闪光，这一浓度范围称为闪光范围。据研究，当混合气中油品蒸气的分压达到 40~50 mmHg[①] 时，不会闪光，因此油品的闪光与其沸点或蒸气分压有密切关系，沸点越低，闪点也越低。

对于运行中的绝缘油和透平油，在正常情况下，一般闪点是升高的，但是若有局部过热或电弧作用等潜伏故障存在，则会使油品因高温而分解导致油的闪点显著降低。

油品的闪点不仅取决于化学组成，如含石蜡烃较多的油品闪点较高，而且与物理条件有关，如测定的方法、仪器、温度和压力等。油气和空气形成混合气的条件——蒸发速度和蒸发空间，对闪点的测定也有影响。闪点是在特殊的仪器内，于一定的条件下测定的，是条件性的数值。因此，没有标明测定方法的闪点是毫无意义的。新透平油的闪点用开口式仪器测定，不小于 180℃；新绝缘油的闪点用闭口式仪器测定，不小于135℃。在测定闪点时，无论是开口式仪器还是闭口式仪器，油面越高，蒸发空间越小，越容易达到闪点浓度，闪点也越低。

---

① 压强单位，1标准大气压＝760 mmHg＝1.013×10⁵ Pa。

1.2.3　凝固点

各种油都可能在低温下使用，例如在冬季或在北方，水轮机启动时的油开关的温度基本上与环境温度相同。因此，油品在低温时的流动性就成为评价油品实用性能的重要指标，同时对于油品的装卸或输送也有很大的意义。如果油品失去流动性，则对于变压器和开关的工作都是不利的。

油品在低温时失去流动性或凝固的含义有两种情况：一种情况是对于含蜡很少或不含蜡的油品而言，当温度降低时，其黏度很快上升，待黏度增加到一定程度时，变成无定形的玻璃状物质而失去流动性，此种情况称为黏温凝固。油品刚刚失去流动性时的温度称为凝固点。另一种情况是由于含蜡的影响，当温度逐渐下降，油品中所含的蜡到达它的熔点时，就逐渐结晶出来，起初是少量的极微小的结晶，使原来透明的油品中出现云雾状的混浊现象。若进一步使油品降温，溶质与溶质相互作用，则使结晶大量生成，靠分子引力连接成网，形成结晶骨架，由于机械的阻碍作用和溶剂化作用，结晶骨架便把当时尚处于液态的油包在其中，使整个油品失去流动性，此种情况称为构造凝固。此时的温度也称为凝固点。

油的凝固点还受到油品中水分和苯等高结晶点的烃类影响，如油品中若含有千分之几的水，即可造成凝固点上升。油中若含有胶质、沥青质，则能降低凝固点，因为胶质妨碍石蜡结晶的长大，并破坏石蜡结晶的构造，使其不能形成网状骨架，从而使凝固点有所降低。

油品作为一种有机化合物的复杂混合物，没有固定的凝固点。它是在一定的仪器中，在一定的试验条件下，油品失去流动性时的温度。所谓失去流动性，也完全是条件性的，即当油品冷却到某一温度，将储油的试管倾斜 45°，经过一分钟的时间，若肉眼看不出试管内液面有所移动，则此时油品就被看作凝固了。产生这种现象的最高温度就是该油品的凝固点。

一般润滑油在凝固点前 5℃～7℃ 时黏度已显著增大，因此，一般润滑油的使用温度必须比凝固点高 5℃～7℃，否则启动时必然产生干摩擦现象。一般规定：轻质新透平油的凝固点不大于 −15℃，中质透平油不大于 −10℃，绝缘油为 −45℃～−35℃。室外开关油，在长江以南可采用凝固点为 −10℃ 的 10 号开关油，而东北地区则需要采用凝固点为 −45℃ 的 45 号开关油。25 号绝缘油用于变压器内时，可不受地区气温限制，能在全国各地使用。

1.2.4　透明度

透明度测定在于判断新油及运行中的油的清洁和被污染的程度。如油中含有水分和机械杂质等，油的透明度要受影响；若胶质和沥青质含量越高，油的颜色越深，一般要求油呈透明橙黄色。

1.2.5　油中的水分

油中水分的来源有两种：一是外界侵入，二是油氧化而生成的。水在油中存在的状态有三种：①游离水，当油劣化不严重时，外界侵入的水和油不发生什么变化，能很快分开，即油和水是两相的，这种水很容易除去，危害性不大；②溶解水，即水溶于油中，水和油是均匀的单一相，这种水能急剧地降低油的耐压，在高度真空下采用雾化方能除去；③结合水，是油初期老化的象征，因油氧化而生成，乳化状态的水以极其细小的颗粒分布于油中，这种水很难从油中除掉，其危害性很大。

油中含有水分会助长有机酸的腐蚀能力，加速油的劣化，使油的耐压降低。当含水量在 0.003% 以下时对油的绝缘水平影响不大，0.005% 以上方会影响绝缘水平，超过 0.01%～0.02% 时，油的绝缘强度则降低到最小值（0.1 kV），使油的介质损失角增大。此外，水分也会加速绝缘纤维的老化。

油中水分的测定方法分定性和定量两种，且都是条件性的。定性法测定时，将试油注入干燥的试管中，当加热到 150℃ 左右时可以听到响声，而且油中产生泡沫，摇动试管变成混浊，此时即认为试油含有水分，否则认为不含水分。定量法测定则是利用低沸点的无水溶剂携带水分的蒸馏方法测定油中的水分含量，结果用百分数表示。规定不论新油或运行油都不允许有水分存在。

1.2.6 油中的机械杂质

机械杂质是指在油中以悬浮状态而存在的各种固体，如灰尘、金属屑、纤维物、泥沙和结晶性盐类等。测定方法是将 100 g 油用汽油稀释，再用已干燥和称量过的滤纸过滤。滤纸上的残留物用汽油洗净，然后再将滤纸烘干称量，得到机械杂质重量，一般用占油重量的百分数表示。机械杂质有的是在地下油层中固有的，有的是开采时带上来的，有的是加工精制过程中遗留下来的，也有的是在运输、保存和运行中混入的。如果机械杂质超过规定值，润滑油在摩擦表面的流动便会遭受阻碍，破坏油膜，使润滑系统的油管或滤网堵塞，使摩擦部件过热，加大零件的磨损率等。此外，机械杂质还促使油劣化，减低油的抗乳化性能。

1.2.7 油中的灰分

油中矿物性杂质，如溶解在油中的各类盐类、环烷酸的钙盐和钠盐等，当试油在坩埚内灼烧时，剩下的不能燃烧的无机矿物质的氧化物，即油的灰分。一般用残余物重量占试油重量的百分比来表示灰分的含量。透平油含有过多灰分时，油膜不均匀，润滑作用不好。作灰分测定可以判断新油的炼制质量，对运行中的油可以判断是否受了无机盐等影响，以及油劣化的程度、机械杂质的含量等。

1.2.8 酸值

油中游离的有机酸含量称为油的酸值（酸价）。酸值是用以中和 1 g 油中所含的酸性组分，以氢氧化钾的毫克数来表示。酸值是保证储运容器和使用设备不受腐蚀的指标之一。

新油中酸性组分是油品在精制过程中由于操作不善或精制不够，而残留在油中的酸性物质，如无机酸、环烷酸等；使用中的油品则是由于氧化而产生的酸性物质，如脂肪酸、羟基酸和酚类等。因此，油品在使用过程中一般酸值是逐渐升高的，习惯上常用酸值来衡量或表示油的氧化程度。

一般规定：新透平油和新绝缘油的酸值都不能超过 0.05 KOH mg/g；运行中的绝缘油不能超过 0.1 KOH mg/g；运行中的透平油不能超过 0.2 KOH mg/g。

1.2.9　水溶性酸或碱

油在精制过程中若处理不当，很可能有剩余的无机酸或碱存在，它们存在与否，是根据水抽出液的酸性或碱性反应来确定的。酸碱的存在使接触部件的金属表面和油管剧烈腐蚀，酸作用于铁和铁的合金，碱作用于有色金属，并且会加快油的劣化。水或乙醇溶液的抽出液对于酚酞不变色时，认为试油不含水溶性碱；抽出液对于甲基橙不变色时，认为试油不含水溶性酸。按规定，无论新油或运行中的油都要求是中性，无酸碱反应。

1.2.10　绝缘强度

绝缘强度是评定绝缘油电气性能的主要指标之一。在绝缘油容器内放一对电极，并施加电压。当电压升到一定数值时，电流突然增大而产生火花，这便是绝缘油的"击穿"。这个开始击穿的电压称为"击穿电压"。绝缘强度以在标准电极下的击穿电压表示，即以平均击穿电压（kV）或绝缘强度（kV/cm）表示。质量好的油的击穿电压要比质量差的油大得多，也就是由击穿电压的大小去大致判断绝缘油的电气性能的好坏。

击穿电压的大小取决于很多因素，如电极的形状和大小，电极之间的距离，油中的水分、纤维、酸和其他杂质，压力，温度，所施加电压的特征等。在提及击穿电压时，一定要注明其电极形式和极间距离。

绝缘油的电气强度是保证设备安全运行的重要条件，运行中很多因素都会降低其绝缘强度，严重时会发生电气设备击穿现象，造成重大事故。因此，对新油、运行油、再生油皆要做击穿电压试验，并合乎一定的要求。

1.2.11　油的介质损失角

根据高电压技术的试验研究，对于任何一种绝缘介质，在施加交流电压 U 时，可画出如图 1-2 所示的介质损失等值电路和矢量图。图中 I_c 是电容电流，滞后电压 90°；I_{rc} 是电阻电容电流，相位滞后电压，但超前电容电流 I_c；I_R 是电阻电流，与电压同相位。

当绝缘油受到交流电作用时，就要消耗某些电能而转变为热能，单位时间内这种消耗的电能称为介质损失。造成介质损失的原因有两个：一是因为绝缘油中包含有极性分子和非极性分子。极性分子是由于本身内部电荷的不平衡，或由于电场作用而引起的，它是偶极体，在交流电场中，由于不断变化电场的方向，使极性分子在电场中不断运动，因而产生热量，造成电能的损失。这种原因消耗的电流称为吸收电流 I_{rc}。二是电流穿过介质，即泄漏电流，也造成电流损失，称为传导电流 I_R。如无上述原因造成介

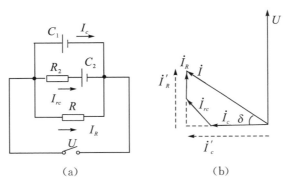

图 1-2　介质损失等值电路和矢量图

质损失，则加于绝缘油的电压 U 和通过绝缘油的电流 I 的相角将准确地等于 $90°$。但由于绝缘油有介质损失，电流和电压的相角总小于 $90°$。$90°$ 和实际相角之差，称为介质损失角，以 δ 表示。介质损失角是绝缘油电气性能中的一个重要指标，通常以 $\tan\delta$ 表示，而不以 δ 表示。如图 1-2 (b) 所示，$\tan\delta = \dfrac{I'_R}{I'_c}$，式中，$I'_R$ 是通过绝缘油电流 I 的有功分量，会变为热能损耗掉；I'_c 是通过绝缘油电流 I 的无功分量，无损耗，用于建立电场。绝缘油之所以能绝缘，是因为虽然上述无功分量不大，但是有功分量相对无功分量来说就更小，小到可忽略不计。因此，优质绝缘油 $\tan\delta$ 是很小的。$\tan\delta$ 越大，电能损失即介质损失越大。对判断变压器油的绝缘性质来说，$\tan\delta$ 是一个很灵敏的数值，它可以很灵敏地显示出油的污染程度。油质的轻微变化在化学分析试验尚无从辨别时，$\tan\delta$ 试验却能明显地发生变化。这种试验作为油的检查和预防性试验，效果是显著的。它比油的其他指标能较早地发出信号。当然这绝不是说明 $\tan\delta$ 可以代替油的其他性质指标。

1.2.12　抗氧化性

使用中的油在较高温度下，抵抗和氧发生化学反应的性能称为抗氧化性。由于油氧化后，沉淀物增加，酸价提高，使油质劣化，并引起腐蚀和润滑性能变坏，不能保证安全运行。因此，要求油的抗氧化性能高。按规定，油在规定条件下氧化后的酸价不大于 0.35 KOH mg/g，沉淀物不大于 0.1%。目前我国电厂普遍采用添加"721"抗氧化剂，根据各电厂的使用情况，这是油延长使用时间的一项有效措施。

1.2.13　抗乳化度

在一定条件下，使油与水混合形成乳化液，并达到完全分层所需的时间，称为抗乳化度，以 min 表示。透平油的耐用期要求不少于 2 年，一般希望能连续使用 4~8 年或更长。但水轮机使用的透平油都难免与水直接接触，故易形成乳化液。一旦油被乳化，其摩擦将增大，润滑性能将降低。为了保证设备润滑良好与正常运行，必须要求油品储存在循环系统中的油箱里，使油水完全分离，并定期将水排除，以利于循环使用。因此，要求透平油具有良好的抗乳化度，一般要求不超过 8 min。由于黏度小的油抗乳化度好，因而在允许的范围内，一般采用黏度小的透平油；同时，黏度小的油抗氧化性也好，有利于酸值的控制。

油与水混合形成乳化液的能力，取决于油中是否存在能降低油品表面张力的物质，如易溶于水的酚环烷酸、有机酸，以及易溶于油的胶质、沥青等，这些统称为表面活性物质。一旦乳化液形成，这些表面活性物质将聚积在油和水之间的界面上，形成牢固的包着每个水滴的薄膜，阻碍着各个水滴的融合，从而使油水分离性能变差。此外，水和固体颗粒越分碎，越容易形成稳定的乳化液。

1.3　油的劣化和净化处理

1.3.1　油的劣化

1. 定义

油在运行或储存过程中，经一段时间之后，会因潮气侵入而产生水分，或因运行过程中的各种原因而出现杂质，酸价增高，沉淀物增加，使油的性质发生变化，改变了油的物理、化学性质，以致不能保证设备的安全、经济运行，这种变化称为油的劣化。

2. 危害

油劣化将造成酸价增高，闪点降低，颜色加深，黏度增大，胶质状和油泥沉淀物析出，影响正常润滑和散热作用，腐蚀金属和纤维，操作系统失灵等危害。

3. 原因

油劣化的根本原因是油和空气中的氧起了作用，油被氧化了。促使油加速氧化作用的因素有水分、温度、空气、天然光线和电流等。

1）水分

水使油乳化，促进油的氧化，增加油的酸价和腐蚀性。水分是从以下几个方面进入油中的：油放置在空气中能吸收大气中的水分；随着空气温度和油温的变化（这两个温度都是随设备运行情况变化的），空气在低温油表面冷却而凝结出水分；设备安装检修不好，设备联结处不严密而漏水，或因油冷却器破裂漏水，如某电站下导轴承油冷却器有砂眼，水漏入油中；变压器和储油罐的呼吸器中干燥剂失效或效率低会带入空气中的水汽；从油系统或操作系统中混入水分。

2）温度

油温升高，吸氧速度加快，也就是加速氧化，因此油劣化很快。实践证明，在正常压力下，油温为 30℃时氧化很慢；一般在 50℃~60℃开始加速氧化。因此，规定透平油不得高于 45℃，绝缘油不得高于 65℃。油温升高的原因是由设备运行不良造成的，如过负荷、冷却水中断，以及设备中油膜被破坏产生干摩擦等故障或局部产生高温。

3）空气

空气中含有氧和水分，其影响同上所述。空气会引起油的氧化，空气中沙粒和灰尘会增加油中的机械杂质。油和空气除直接接触外，还有泡沫接触，泡沫接触面越大，氧化速度越快。泡沫产生的原因有以下几个方面：运行人员补油时速度太快，因油的冲击带入空气；离心泵搅动剧烈时产生泡沫；油回到油槽时，由于排油管设计不正确或速度太快而产生泡沫；油在轴承中被搅动时产生泡沫。

4）天然光线

紫外线对油的氧化有触媒作用，会促使油质劣化。经天然光线照射后的油，再转到无照射之处，劣化还会继续进行。

5）电流

穿过油内部的电流会使油分解劣化。如发电机转子铁芯的涡流通过轴颈然后穿过轴承的油膜时，可较快地使油的颜色变深，并生成油泥沉淀物。

6）其他因素

其他因素包括金属的氧化作用，检修后清洗不良，储油容器用的油漆不当，不同品种油的不良作用等。

4. 预防措施

根据上述因素采取的相应的预防措施如下：

（1）消除水分侵入，如将设备密封防止漏水，保护呼吸器的性能良好。

（2）保持设备正常工况，如不过负荷、冷却水正常供应、保持正常油膜等，主要使油和设备不过热。

（3）减少空气接触，防止泡沫形成，如在储油槽中设呼吸器，在油槽上部设抽气管，用真空泵抽出油槽内的湿空气等。

（4）设计安装油系统时，供排油管伸入油内避免冲击或设子网来冲击泡沫，供排油的速度不能太快，以防止泡沫产生。

（5）避免阳光直接照射，如将储油槽布置在厂房北面阴凉处。

（6）有油设备检修后采用正确的清洗方法。

（7）选用合适的油漆，如亚麻仁油、红铅油、白漆即氧化铝等。

尽管采取了许多有效措施，但在长期运行中，油的性质仍然会发生不同程度的劣化，一般可采取净化的处理方式来恢复。

1.3.2 油的净化处理

根据油被污染程度的不同，可分污油和废油。污油是指轻度劣化或被水和机械杂质污染了的油，经过简单的机械净化方法处理后仍可使用。废油是指深度劣化变质的油，不能用简单的机械净化方法恢复其原有性质，只有采用化学法或物理化学方法才能使油恢复原有的物理、化学性质，此法称为油的再生。下面介绍几种常用的机械净化方法。

1. 沉清

若油长期处于静止状态，油中的机械杂质和水分会随时间而逐渐沉降下来。沉降的速度与悬浮颗粒的密度和形状以及润滑油的黏度有关，颗粒的密度和形状越大，润滑油的黏度越小，机械杂质和水分的沉降速度越快。沉清的优点是设备极其简单、便宜，对油没有伤害；其缺点是所需时间很长，净化不完全，有些酸质和可溶性杂质等不能除去。

2. 压力过滤

压力过滤是使油加压通过滤纸，利用滤纸的毛细管的吸附及阻挡作用使水分、机械杂质与油分开。压力过滤的设备是压力滤油机，它的工作原理如图 1－3（a）所示。

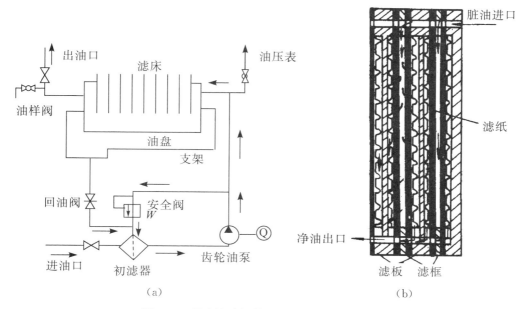

图 1－3　压力滤油机的工作原理及滤床示意图

从进油口吸入，经过初滤器，除去较大的杂质，再进入齿轮油泵，对油产生挤压作用，迫使油流经滤床。利用滤纸的毛细管作用，将油中的水分和机械杂质滤净，然后油从滤板的出油口流出。滤床内有滤板 9 块，滤框 8 块，顺序交替地组成各个独立的过滤室，滤纸夹在滤板和滤框之间，如图 1－3（b）所示。安全阀的作用是控制油管道系统的压力，当油压超过最高使用压力时，安全阀就立即动作，使油在初滤器中自行循环，油压不再上升，以确保设备的安全运转。回油阀借助齿轮油泵进油口的真空作用，将油盘内的积油吸入初滤器。正常运转时，油压表的指针在工作压力时表示正常；在（3～4）$\times 10^5$ Pa 时，表示杂质过多，已填满滤纸孔隙，应换滤纸；在 4×10^5 Pa 以上时，表示危险，应立即停车检查，排除故障后方可使用；运转期间，每隔一定时间，从油样阀处用试油杯取适量的油做性能试验。若滤纸已完全饱和，需要更换滤纸。

为了充分利用滤纸，更换时不需同时更换全部滤纸，而是更换一叠纸中湿油进入的一侧的第一张，新纸则铺放在此叠纸的另一侧。滤纸用后，可用净油将黏附在滤纸上的杂质洗干净，烘干后再使用。焙烘温度在 80℃时，滤纸干燥时间为 8～12 h；温度在 100℃时，为 2～4 h，但温度不得超过 110℃。

压力滤油机能过滤油中的机械杂质和微量水分。水分较少而机械杂质较多时，过滤效果较好。若水分较多，必须先用真空滤油机把油中水分进行分离，然后再用压力滤油机过滤。

3. 真空过滤

真空过滤的工作原理是根据油、水的汽化温度不同，将油送到加热器，提高油温到50℃～70℃，压向真空罐内，再通过喷嘴扩散成雾状。此时，油中的水分和气体在一定温度和真空下汽化，减压蒸发，油和水分、气体得到分离。最后，用真空泵将蒸气和气体吸出来，以达到除水、脱气的目的。

真空滤油机用于绝缘油处理，能在短时间内达到除水脱气、提高电气绝缘强度、增加绝缘油的电阻率等作用。实践证明，真空滤油机对透平油有同样的使用效果。真空过滤法的优点是速度快、质量好、效率高，这对于油量较大的用油设备的注油、换油，按时完成检修任务有很大意义；其缺点是不能清除机械杂质。

图1—4为真空滤油机的工作原理图，它的各主要部件的作用如下：真空罐6是分离含在油中的水分和气体的主要设备，罐内有多孔喷油管8和扩散网壁7，用来加强油变成雾状。罐内下方有一个靠油位升降作用的自动油漂阀门22，用来自动调节进入罐内的油量与从罐内排出的油量，起平衡作用。真空阀9用来在停止工作时向罐内充气。在冬季低温时，因真空泵18的润滑油黏度大，往往电动机启动力矩也大，故必须向罐内充气，以使罐内与大气压差减小，便于启动。过滤器31是清除油液中机械杂质的装置，内有多孔圆管，管外包焊两层滤网，支撑网外过滤杂质用的泡沫塑料中间夹一层工业滤纸，或者另外串联一台压滤机最为理想。过滤器出口32有一逆止阀28，用来防止油反充入真空罐内。初滤器2用来清除油中较大的颗粒杂物，防止喷管小孔堵塞。冷凝

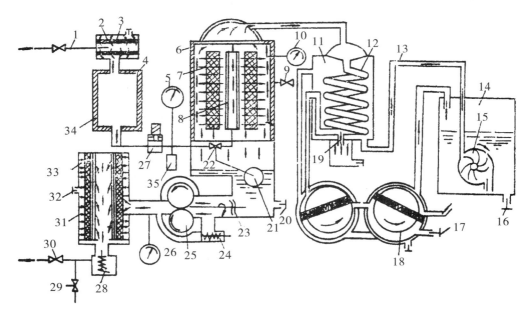

图1—4　真空滤油机的工作原理图

1—阀门；2—初滤器；3，33—滤纸；4—加热器；5—温度计；6—真空罐；7—扩散网壁；8—多孔喷油管；9—真空阀；10—真空表；11—冷凝器；12—冷凝管；13—冷水管；14—冷水箱；15—冷水泵；16—冷水箱出口；17—真空泵排气出口；18—真空泵；19—冷凝管出口；20—油箱出口；21—自动油漂；22—自动油漂阀门；23—潜油叶轮；24—逆止阀；25—排油泵；26—压力表；27—电磁阀；28—逆止阀；29，30—阀门；31—过滤器；32—过滤器出口；34—加热器；35—传感器

器 11 用来凝结由真空罐内蒸发出的水蒸气，防止大量水气进入真空泵内，影响真空泵的正常工作，造成真空度下降。冷水箱 14 用来供给真空泵及冷凝器存储冷却水。真空泵门专用来抽出真空罐内的空气。排油泵 25 用来抽出真空罐内的油液。在排油泵的主动轮前串有一个潜油叶轮 23，作为排油泵的前级泵，提高排油能力。冷水泵 15 供冷却水循环用。使用时开启冷水泵，观察冷水管 13 是否有水循环流动，然后启动真空泵，经 1 min 后，真空罐内达到极限真空值时，开启电磁阀 27，使油进入真空罐内。当罐内油位上升到长条视孔中间位置时，启动排油泵，排出罐内油液。同时，启动两组加热器 4。油温的加热有恒温控制，可在 0℃～100℃ 范围内调整所需的油温。电气柜内设置全套供操作、保护和自动化的电气设备的元件。

1.4　油系统的任务、组成和系统图

1.4.1　油系统的任务

为了做好油的监督和维护工作，使运行中的油类经常处于合格状态，延长使用期，保证机组的安全、经济运行，需要有油系统。油系统的任务如下：

（1）接受新油：包括接受新油和取样试验两个内容。水电站用油可用油槽车或油桶运来，接受新油采用自流或压力输送的方式，视该电站储油槽的位置高程而定。每次新到的油，一律要按透平油和绝缘油的标准进行全部试验。

（2）储备净油：在油库随时储存合格、足够的备用油，以便万一发生事故需要全部换用净油或设备正常运行的损耗补充。

（3）给设备供、排油：对新装机组、设备大修后或设备中排出劣化油后，需要充油；设备检修时，应将设备中的污油通过排油管用油泵或自流排到油库的运行油槽中。

（4）向运行设备添油：油系统在运行中由于下列原因油量不断地损耗而需要添油：油的蒸发和飞溅，油槽和管件不严密处的漏油，定期从设备中清除沉淀物和水分，从设备中取油样。

（5）油的监督、维护和取样化验：对新油进行分析鉴定是否符合国家规定标准；对运行油进行定期取样化验，观察其变化情况，判断运行设备是否安全；新油、再生油、污油进入油库时，都要有试验记录，所有进入油库的油在注入油槽以前均需通过压力滤油机或真空滤油机，以保证输油管和储油槽的清洁；对油系统进行技术管理，提高运行水平。

（6）油的净化处理：储存在运行油槽中的污油通过压力滤油机或真空滤油机除去油中的水分和机械杂质。

（7）废油的收集及处理：废油需按牌号分别收集，储存于专用的油槽中，不允许废油与润滑脂相混，以免再生时带来困难，废油应尽快送到油务管理部门进行再生处理。

1.4.2　油系统的组成

水电站油系统对安全、经济运行有着重要的意义。油系统是用管网将用油设备、储

油设备（各种油槽、油池）、油处理设备连接成一个油务系统。设计正确的油系统，不仅能提高电站运行的可靠性、经济性和缩短检修期，而且能对运行的灵活性，以及管理方便等提供良好条件。油系统由以下部分组成：

（1）油库：放置油槽、油池或油桶等各种储油设备。

（2）油处理室：放置净油及输送设备，如油泵、压力滤油机、烘箱、真空滤油机等。

（3）油化验室：放置油化验仪器、设备、药物等。

（4）油吸附设备：硅胶吸附器。

（5）管网：油系统设备及用户连接起来的管道系统。

（6）测量及控制元件：用以监视和控制用油设备的运行情况，如示流信号器、温度信号器、油位信号器、油水混合信号器等。

1.4.3　油系统图

1. 油系统图的设计原则

油系统图的一般要求：将用油设备与油库、油处理室连接起来的管网系统，在油务管理中是十分重要的。它直接影响到设备的安全运行和操作维护的方便与否。应根据机组和变压器等设备的技术条件，满足其各项操作流程的要求。

油系统图的具体要求：系统的连接明了，操作程序清楚，管道和阀门少，全部操作简便，不容易出差错；油处理时，油泵、真空滤油机、压力滤油机和吸附器均可单独运行或串联、并联运行；污油和净油应各自有独立的管道和设备（如油泵、油槽），以减少不必要的冲洗工作；所有设备应布置在比较固定的范围，尽量减少搬动。

油系统通常采用手动操作。机组轴承、油压装置及漏油箱的自动监视和操作均由厂家配套。在管网系统的主要供排油管上，可根据具体情况装设示流器（如强迫油循环系统用作监视）。若设有重力油箱，应有油位监视。

2. 油系统图示例

下面列举几种机组类型的油系统图，来说明其基本技术要求。实际上，电站的规模、布置形式均与油系统的设计有关。要从实际出发，吸取运行的实践经验，力求简便和实用。

图1-5为转桨式机组油系统图。此系统油槽之间和油处理室与机组用油设备之间均用两根干管连接，使净油、污油分开，符合设计原则，检修时在机旁滤油也很方便，能较好地满足运行、维护要求。

图1-6为混流式机组油系统图。此系统油槽之间设干管连接，使净油、污油分开。油处理时能满足上述要求。检修时在机旁滤油既方便又节省时间，有实际意义。混流式一般添油量不大，可不设重力加油箱。但可考虑设置加油桶，用油泵或小加油桶添油。透平油操作系统程序见表1-1。

图1-7为绝缘油系统图。此系统从每个油槽上部和下部单独引出油管接头，各种油处理流程均用软管连接。实践证明，不但系统大为简化，而且操作方便，管路清洁，运行人员也满意。

图 1—8 为贯流式机组油系统图。

图 1—9 为大型电站透平油系统图。此系统为四根干管，与油库之间采用固定管路。如果设备少，且距离较近，也可考虑临时敷设。

3. 各种类型油系统图比较

我们分析了上述几种透平油系统图后，发现这些系统虽然各具特点，但也有共同之处。

相同点：不论哪一种油系统图，机组用油设备的供排油管均在本机组段内与系统供排油总干管相连，对于大中型机组，在各种用油设备上都有供排油管和溢油管。操作方式一般都是手动操作。

不同点主要表现在油库内各油槽和油处理室与机组用油设备的连接方式。

(1) 油处理室用两根干管的连接方式，如图 1—7 所示。用油设备与油处理室之间，油库内各油槽之间均用两根干管连接，而与各净油设备之间用活接头和软管连接，管路较短和操作阀门较少；但有一段干管净、污共用；在用油设备的供排油支管上，装设常闭阀门控制的活接头，机组检修时可实现机旁滤油；适用于中型水电站。

(2) 油处理室无供排油干管，如图 1—6 所示。各储油槽的供排油引出管与各种油处理设备之间用活接头和软管连接，机组供排油干管与油处理室也用活接头连接；操作时用软管将有关的活接头接上，用后拆除；切换阀门少，管路短，使系统大为简化，较经济；但管路与活接头的连接工作量较大，较麻烦，适用于小型水电站。

(3) 油处理室用四根干管的连接方式，如图 1—9 所示。净、污油管路基本分开，油质有保证；油处理时能满足上述要求；机组检修时在机旁滤油既方便又节省时间，有实用意义；操作时切换阀门较多，管路较长，投资大些，适用于大型水电站。

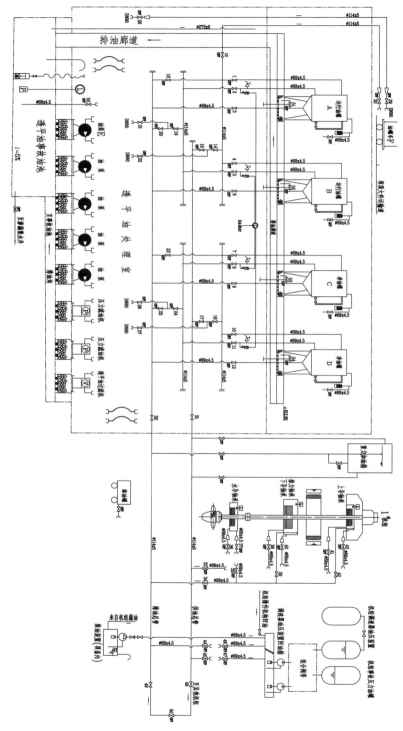

图 1—5 转桨式机组油系统图

（注：本书图中数字单位如无特殊说明，均以 mm 计）

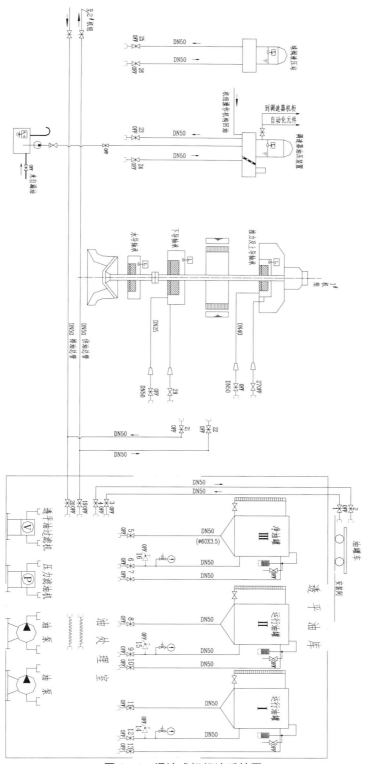

图 1－6　混流式机组油系统图

表 1-1　透平油操作系统程序

序号	操作项目	参加运行的设备及开启阀门的号数
1	运行油罐接受新油	油罐车，1，3，油泵，10，Ⅱ（13，1）
2	运行油罐新油自循环过滤	Ⅰ，11（Ⅱ，8），压力滤油机或透平油过滤机，13，1（10，Ⅱ）
3	运行油罐的油存入净油罐	Ⅰ，12（Ⅱ，9），压力滤油机或透平油过滤机，7，Ⅲ
4	净油罐向设备供油	Ⅲ，6，油泵，19，22（24，26）
5	机组、测速器油压装置及球阀液压站检修排油	21（23，25），20，油泵，10，Ⅱ（13，1）
6	验油	Ⅰ，14（Ⅱ，15；Ⅲ，16）
7	废油排走	Ⅰ，11（Ⅱ，8），油泵，4，2，油罐车

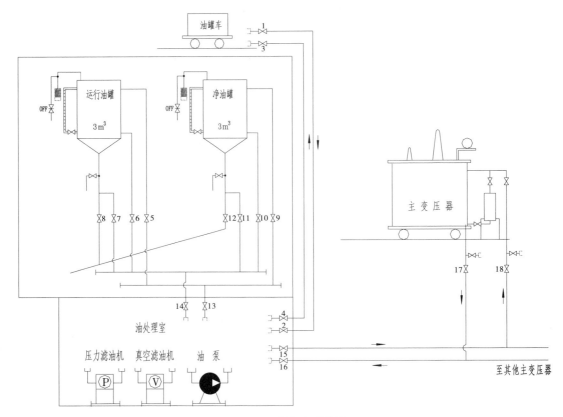

图 1-7　绝缘油系统图

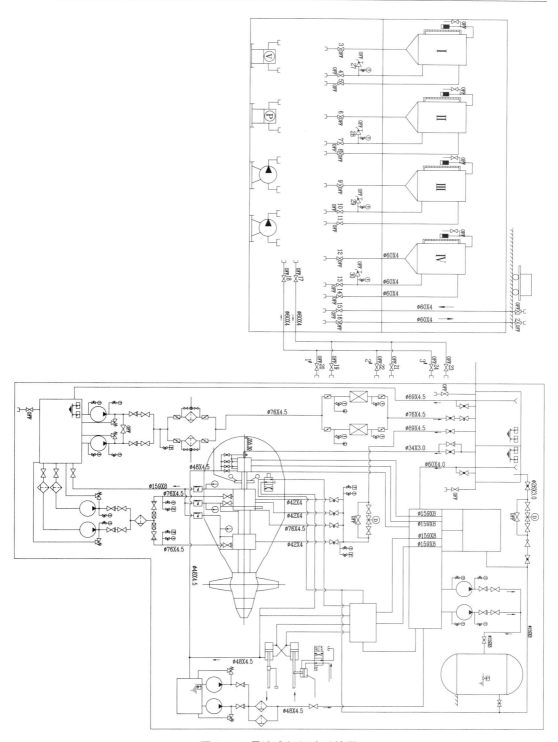

图 1-8　贯流式机组油系统图

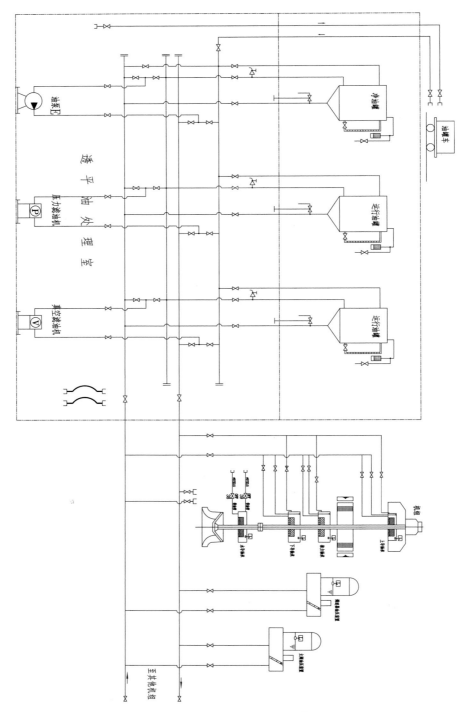

图 1—9　大型电站透平油系统图

1.5　油系统的计算和设备选择

1.5.1　用油量估算

油系统的规模和设备容量的大小应根据设备用油量的多少而定。在设计时，分别编制设备用油量的明细表，计算出透平油和绝缘油的总用油量。所有设备的用油量应根据制造厂所提供的资料进行计算。但在初步设计阶段未能获得厂家资料时，可按已投入运行的尺寸相近的同类型机组或近似公式进行估算。电气设备的用油量可在有关产品目录中查出。

1. 水轮机调节系统用油量计算

水轮机调节系统用油量是油压装置、导水机构接力器、转桨式水轮机转轮接力器、冲击式水轮机喷针接力器，以及受油器的用油量。用油量的计算可分别进行。

1）油压装置用油量

部分油压装置的用油量见表 1-2。

表 1-2　油压装置用油量

型　号	用油量（m³）		型　号	用油量（m³）	
	压力油箱	回油箱		压力油箱	回油箱
YZ-1.0	0.35	1.3	YZ-20-2	7.0	8.0
YZ-1.6	0.56	1.3	HYZ-0.3	0.105	0.3
YZ-2.5	0.9	2.0	HYZ-0.6	0.21	0.6
YZ-4.0	1.4	2.0	HYZ-1.0	0.35	1.0
YZ-6	2.1	4.0	HYZ-1.6	0.56	1.6
YZ-8	2.8	4.0	HYZ-2.5	0.875	2.5
YZ-10	3.5	5.0	HYZ-4.0	1.4	4.2
YZ-12.5	5.0	6.2			

2）导水机构接力器用油量

导水机构接力器的用油量可按下式计算（按两个接力器的总容积），或根据导水机构接力器直径从表 1-3 中查取。

$$V_d = \frac{\pi \cdot d_d^2 \cdot S_d}{2} \tag{1-1}$$

式中　d_d——导水机构接力器直径（m）；

S_d——导水机构接力器最大行程（m），$S_d = (1.4 \sim 1.8)a_0$，其中 a_0 为导水叶的最大开度（m）。

表 1-3　导水机构接力器直径与用油量的关系

导水机构接力器直径 d_d （mm）	300	350	375	400	450	500	550	600	650	700	750	800
导水机构两只接力器用油量 V_d （m³）	0.04	0.07	0.09	0.11	0.15	0.20	0.25	0.35	0.45	0.55	0.65	0.80

3）转桨式水轮机转轮接力器、受油器等的用油量

①转桨式水轮机转轮接力器用油量可按下式计算：

$$V_p = \frac{\pi \cdot d_p^2 \cdot S_p}{4} \tag{1-2}$$

式中　d_p——转桨式水轮机接力器直径（m），$d_p = (0.3 \sim 0.45)D_1$，其中 D_1 为水轮机转轮直径（m）；

S_p——转桨式水轮机接力器活塞行程（m），$S_p = (0.12 \sim 0.16)d_p$，小系数适用于转轮直径大于 5 m 以上的水轮机。

受油器的用油量约等于转桨式水轮机转轮接力器用油量的 20%。

②转桨式水轮机转轮接力器、受油器等的用油量还可按转轮直径 D_1 参考表 1-4 中的数据选取。

表 1-4　水轮机转轮直径与转轮接力器、受油器等用油量的关系

水轮机转轮直径 D_1 （mm）	250	300	330	410	550	650	800	900	1130
转桨式水轮机转轮接力器、受油器等的用油量 V_p （m³）	1.15	1.95	2.45	3.30	5.30	6.53	15.00	20.00	66.75

4）冲击式水轮机喷针接力器用油量

冲击式水轮机喷针接力器用油量可按下式计算：

$$V_j = \frac{Z_0\left(d_0 + \dfrac{d_0^3 \cdot H_{\max}}{6000}\right)}{P_{\min}} \tag{1-3}$$

式中　Z_0——喷嘴数；

d_0——射流直径（m）；

$H_{\max}$——电站最大工作水头（m）；

$P_{\min}$——油压装置最小油压。

2. 机组润滑油系统用油量计算

机组润滑油系统用油量一般是指水轮发电机机组推力轴承和导轴承的用油量，按推力轴承和导轴承单位千瓦损耗来计算，其计算公式为

$$V_h = q(P_t + P_d) \tag{1-4}$$

式中　q——轴承损耗单位千瓦所需油量（m³/kW），见表 1-5。

P_t——推力轴承损耗（kW），$P_t = AF^{1.5}n_e^{1.5} \times 10^{-6}$。其中，$A$ 为系数，取决

于推力瓦上的单位压力 p（和发电机结构形式有关），可查相关曲线；F 为推力轴承负荷（转动部分加上轴向水推力），单位为 N；n_e 为机组额定转速（r/min）。

P_d——导轴承损耗（kW），可按下式计算：

$$P_d = \frac{11.78 \cdot S \cdot \lambda \cdot u^2}{\delta} \times 10^{-3} \qquad (1-5)$$

其中　　S——轴与导瓦接触的全部面积（m^2），$S = \pi \cdot D_z \cdot h$。其中，$D_z$ 为主
轴直径（m），$D_z = K\sqrt{\dfrac{P}{n}}$，$K$ 一般取 11.3～14；h 为轴瓦高度（m），
一般 $h/D_z = 0.5～0.8$。

λ——油的动力黏度系数（Pa·s），在 50℃ 时，HU-20 型取 $\lambda = 0.0175$ Pa·s，HU-30 型取 $\lambda = 0.0263$ Pa·s。

u——轴的圆周速度（m/s），$u = \dfrac{\pi \cdot D_z \cdot n}{60}$。

δ——轴瓦间隙（m），一般为 0.0002 m。

表 1-5　轴承结构与单位千瓦损耗所需油量的关系

轴承结构	轴承单位损耗所需油量 q（m^3/kW）
一般结构的推力轴承和导轴承	0.04～0.05
组合结构（推力轴承与导轴承同一油槽）	0.03～0.04
外加泵或镜板泵外循环推力轴承	0.018～0.026

此外，也可参照已运行的容量和尺寸相近的同类机组进行估算。根据现有机组数据编制的机组用油量同水轮机类型和出力的关系曲线。

3. 主阀用油量

（1）主阀油压装置的用油量可从表 1-2 查取。

（2）主阀接力器的用油量可从表 1-6 查取。

表 1-6　主阀接力器的用油量

主阀形式	蝶阀								球阀	
阀直径（m）	1.75	2.00	2.60	2.80	3.40	4.00	4.60	5.30	1.0	1.6
接力器用油量（m^3）	0.11	0.49	0.49	0.34	0.31	0.94	0.89	1.61	0.50	0.89

4. 管网用油量

总油量的 5% 作为充满管道的油量。

5. 一台机组的最大用油量

通过以上得到的总油量是一台机组的最大用油量。

6. 系统用油量计算

1）透平油系统用油量计算

透平油系统用油量与机组出力、转速、机型、台数有关。

（1）运行用油量（即机组用油量），以 V_1 表示。一台机组调节系统的用油量，以 V_p 表示，根据油压装置的型号，查表 1-2；一台机组润滑系统的用油量，以 V_h 表示，根据出力、转速、轴承结构等按（1-4）式计算；一台机组主阀的用油量，以 V_f 表示。运行用油量的计算公式为

$$V_1 = (V_p + V_h + V_f) \times 1.05 \tag{1-6}$$

（2）事故备用油量，以 V_2 表示，它为最大机组用油量的 110%（10%是考虑蒸发、漏损和取样等裕量系数），即

$$V_2 = 1.1 V_{1max} \tag{1-7}$$

（3）补充备用油量，以 V_3 表示，由于蒸发、漏损、取样等损失需要补充油，它为机组 45 天的添油量，其计算公式为

$$V_3 = V_1 \times \alpha \times \frac{45}{365} \tag{1-8}$$

式中　　α——一年中需补充油量的百分数，对于 HL、ZD 型水轮机，$\alpha = 5\% \sim 10\%$；对于 ZZ 型水轮机，$\alpha = 25\%$。

综上，透平油系统用油量的计算公式为

$$V = ZV_1 + V_2 + ZV_3 \tag{1-9}$$

式中　　Z——机组台数。

2）绝缘油系统用油量计算

绝缘油系统用油量与变压器、开关的型号、容量、台数有关。

（1）一台最大主变压器用油量，以 W_1 表示，根据已选定主变形式从有关产品目录中查得。

（2）事故备用油量，以 W_2 表示，它为最大一台主变压器用油量的 1.0 倍，对于大型变压器，系数可取 1.05，即

$$W_2 = (1.0 \sim 1.05)W_1 \tag{1-10}$$

（3）补充备用油量，以 W_3 表示，它为变压器 45 天的添油量，其计算公式为

$$W_3 = W_1 \times \sigma \times \frac{45}{365} \tag{1-11}$$

式中　　σ——一年中需补充油量的百分数，对于变压器，$\sigma = 5\%$。

综上，绝缘油系统总用油量的计算公式为

$$W = nW_1 + W_2 + nW_3 \tag{1-12}$$

式中　　n——变压器台数。

1.5.2　油系统设备选择

根据水电站的装机容量、机组台数，所在地的位置及交通情况，油系统的设置应有不同的规模。从目前我国已投产水电站的实际情况来看，主要分为本电站服务的厂用油系统和为梯级相邻电站服务的中心油务所两类。

设备配置原则：按绝缘油和透平油两个独立系统分别配置；油再生装置仅配置油在运行中再生的设备；对于油化验设备，一般电站按简化分析项目配置，中心油务所、大

型电站和地处边远山区交通不便的中型以上电站按全分析要求配置。

油系统类型已拟订和用油量已算出后，可对设备进行选择，其内容包括储油设备，油泵和油净化设备，管径、管材等。

1. 储油设备的选择

（1）净油槽：储备净油以便机组或电器设备换油时使用。容积为一台最大机组（或变压器）用油量的 110%，加上全部运行设备 45 天的补充备用油量。通常透平油和绝缘油各设置 1 个，但容量大于 60 m³ 时，应考虑设置 2 个或 2 个以上，并考虑厂房布置的要求。

（2）运行油槽：当机组（或变压器）检修时供排油和净油用。容积为一台最大机组（或变压器）用油量的 100%，但考虑兼作接受新油，并与净油槽互用，其容积宜与净油槽相同。为了提高污油净化效果，通常设置 2 个，每个为其总容积的 1/2。

（3）中间油槽：油库布置较高，检修机组充油部件时排油用。其容积为最大用油设备的用油量，数量为 1 个。当油库布置在厂内水轮机层以下高程时不需设置。

（4）事故排油池：接受事故排油用。一般设置在油库底层或其他合适的位置上，容积为油槽容积之和。新设计规程规定也可不设置。

（5）重力加油箱：设在厂内储存净油作为设备自流添油的装置。对于转桨式机组，漏油量较大，添油频繁，可设置重力加油箱；对于混流式机组，漏油量少，加油的机会少，可不设置，而用移动小车添油。重力加油箱的容积视设备的添油量而定，一般为 0.5~1.0 m³，当容积过大，机组台数又超过 4 台时，可设置 2 个。

在设计时，不一定所有的油槽都要设置，要考虑运行中油的运输和处理，并对运行情况进行分析，尽量达到经济合理。目前国内多数电站，透平油和绝缘油分别设置 1 个净油槽和 2 个运行油槽。正常运行时净油槽储存净油，设备检修时运行油槽作设备的排油和净化用，待设备检修完毕把净油充入设备后，将净油槽作为运行油槽用，把净化好后的油再存入净油槽。必要时运行油槽也可以临时收集废油。根据我国油类供应情况，这样进行设置储油槽是可行的。

2. 油泵和油净化设备的选择

油泵和油净化设备应满足输油和净化的要求。净化设备通常有压力滤油机和真空滤油机。

1）压力滤油机和真空滤油机的生产率和数量的选择

压力滤油机和真空滤油机的生产率是按 8 h 内能净化最大一台机组的用油量或在 24 h 内滤清最大一台变压器的用油量来确定的，其计算公式为

$$Q_L' = \frac{V_1}{t} \qquad (1-13)$$

式中 V_1——最大一台机组（或变压器）用油量（m³）；

t——净化或滤清时间（h），规定为 8~24 h。

此外，考虑到压力滤油机要更换滤纸所需的时间，所以在计算时应将其额定生产率减少 30%，故

$$Q_L = \frac{Q_L'}{1-0.3} \qquad (1-14)$$

根据 Q_L 从有关产品目录中选取净化设备型号。

净化设备数量，一般应选用一台压力滤油机、一台真空滤油机和一台滤纸烘干箱。对于小型电站，一般只选用一台移动式压力滤油机，并考虑透平油和绝缘油共用。

2）油泵的选择

油泵是输油设备，在接受新油、设备充油、排油和净化时使用。由于齿轮油泵结构简单，工作可靠，维护方便，价格便宜，故多采用 2CY 型和 KCB 型齿轮油泵。

油泵生产率是指能在 4 h 内充满一台机组或在 6～8 h 内充满一台变压器的用油量。作为接受新油的油泵，其容量应保证在铁路货车停车时间内将油从油车卸下来。一般 20 t 以下的油车停 2 h，20～40 t 的油车停 4 h。油泵生产率的计算公式为

$$Q = \frac{V_1}{t} \tag{1-15}$$

式中　　V_1——一台机组（或变压器）用油量（m^3）；

　　　　t——充油时间（h），规定为 4～8 h。

油泵的扬程 H 应能克服设备之间的高程差和管路损失。根据 Q、H 从产品目录中选取油泵型号。油泵一般设置两台，一台移动式油泵用以接受新油和排出污油，一台固定式油泵供设备充油时用。对于小型电站，可考虑只设置一台移动式油泵。

3. 管径、管材的选择

对于支管，一般根据供油设备、净油设备和用油设备的接头尺寸确定。

对于干管，可按经验选择或由计算确定。

（1）经验选择法：压力油管取 $d=32～65$ mm，排油管取 $d=50～100$ mm。

（2）流速法：根据试验研究总结得出油的允许流速为 1～1.5 m/s，这样可使压力损失较小。其计算公式为

$$d = \sqrt{\frac{4Q}{\pi \cdot v}} \tag{1-16}$$

式中　　d——油管直径（m）；

　　　　Q——油管内油的流量（m^3/s）；

　　　　v——油管中油的允许流速（m/s），一般为 1～2.5 m/s，与油的黏度有关，见表 1-7。

表 1-7　油管中油的允许流速与黏度的关系

油的黏度（恩氏黏度）	自流及吸油管道（m/s）	压力油管道（m/s）
1～2	1.3	2.5
2～4	1.3	2.0
4～10	1.2	1.5
10～20	1.1	1.2
20～60	1.0	1.1
60～120	0.8	1.0

计算后选取接近的标准管径。管道系列为 15 mm、20 mm、25 mm、32 mm、

40 mm、50 mm、65 mm、80 mm、100 mm、125 mm、150 mm、200 mm、250 mm、300 mm、350 mm、400 mm、450 mm、500 mm、600 mm。

油系统油管建议选用有缝钢管或无缝钢管，通常不选镀锌钢管，因为镀锌钢管会与油中的酸碱发生作用，使油劣化。实践证明，只要严格按照设计及安装规程的要求施工安装，并且在运行中加强维护，平时管网全部充满净油，防止水分和空气渗入，油系统就能安全运行。与净化设备连接的管子通常用软管，如软铜管、耐油胶管和软胶管等。

上述设备选择好后，根据机组和变压器等用油设备的技术要求，即可进行管网系统的设计，拟订油系统。

1.5.3　油系统管网计算

当选定设备和拟订油系统图后，可进行设备和管道的具体布置，然后对最远一台机组或变压器计算管道中的压力损失，以便校核油泵扬程和吸程。其内容主要是对管路进行阻力损失计算。

1. 管路系统阻力损失计算

1）管路系统阻力损失的估算

在初设阶段，设备及管路布置尚未确定，需要估计系统的阻力损失，可用下列公式估算，待设备管路布置后再进行验算。只要管路总长大于 1 m，弯头和接头等局部阻力损失就可忽略不计。

$$\Delta P = \frac{8 \cdot \nu \cdot Q \cdot l \cdot K}{d^4} \times 10^5 \qquad (1-17)$$

式中　　Q——流量（L/min）。

l——管路长（m）。

d——油管内径（mm）。

ν——油的运动黏度（mm²/s）。

K——修正系数。当 $Re \leqslant 2000$ 时，$K=1$；当 $Re > 2000$ 时，$K = 6.8 \sqrt[4]{\left(\dfrac{Q}{\nu d} \right)^3}$。

雷诺数 $Re = \dfrac{v \cdot d}{\nu}$，其中，$v$ 为平均流速（cm/s）；d，ν 同前。

2）管路系统阻力损失的具体计算

当设备及管路布置已经确定后，可按实际管路系统来计算压力损失 ΔP，它由沿程阻力损失 ΔP_1 和管件局部阻力损失 ΔP_2 组成，其计算公式为

$$\Delta P = \Delta P_1 + \Delta P_2 \qquad (1-18)$$

（1）沿程阻力损失 ΔP_1 计算。按如下的经验公式近似计算：

$$\Delta P_1 = \frac{72 \cdot v \cdot L}{d^2} \times 10^5 \qquad (1-19)$$

式中　　v——管中油的流速（m/s）；

d——油管内径（mm）；

L——直管段长度（m）。

此外，也可用有关设计手册图表计算。

（2）管件局部阻力损失 ΔP_2 计算。当油流方向和断面发生变化时所引起的局部压力损失，其计算公式为

$$\Delta P_2 = \sum \zeta \frac{v^2}{2g} \cdot \gamma_m \qquad (1-20)$$

式中　　ζ——局部阻力系数；

　　　　v——油流速度（m/s），即按 ζ 值所规定的断面速度（m/s）；

　　　　g——重力加速度（m/s²）；

　　　　γ_m——油的重度（N/m³）。

此外，也可将管件长度转换成当量长度后再按公式（1-19）计算。管件当量长度见有关设计手册。

2. 油泵扬程校核

油泵扬程（排出压力）的计算公式为

$$P_{ch} \geqslant \gamma_m \cdot h \times 10^5 + \Delta P \qquad (1-21)$$

式中　　h——用油设备的油面至油泵中心最大高差（m）；

　　　　γ_m——油的重度（N/m³）；

　　　　ΔP——管路总的压力损失（Pa）。

油系统管网的阻力损失计算，应考虑经过使用一段时间后，由于渣滓沉积在管壁上，使压力损失有所增加，因此油泵扬程应有一定余量。同时，除按正常的室温进行计算外，还要考虑可能遇到的低温式的损失来进行校核，特别是寒冷地区。若油泵扬程不能满足要求，则可以通过改选扬程较大的油泵或加大管径来解决。

3. 油泵吸程校核

用油泵排油必须校核吸程是否满足要求。其校核公式为

$$[H_s] \geqslant H_g + h_w \qquad (1-22)$$

式中　　$[H_s]$——油泵实际允许吸程（m）；

　　　　H_g——油泵中心至最低吸油面的高差（m）；

　　　　h_w——吸油管路上的总损失（m）。

从产品样本查得的最大允许吸程是在吸入液面为 1 atm[①]，若油泵工作条件与产品样本的要求不同，则可按下式进行修正：

$$[H_s] = H_s + \left(\frac{P_f - P_g}{\gamma_m} - \frac{P_0 - P_{f0}}{\gamma_{m0}}\right) \times 10^2 \qquad (1-23)$$

式中　　H_s——产品样本的允许吸程（m）；

　　　　P_f——吸油面实际的绝对压力（Pa），应按吸油面的海拔进行修正，见表1-8；

　　　　P_0——产品样本所要求的吸油面的绝对压力（Pa），一般取 1×10^5 Pa；

　　　　P_{f0}——产品样本所要求油温下的空气分离压力（Pa）；

　　　　P_g——油泵实际工作油温下的空气分离压力（Pa）；

　　　　γ_{m0}，γ_m——分别为产品样本所要求的油温和油泵实际工作油温下的油重度（N/m³）。

---

① 1 atm=1.01×10⁵ Pa，为 1 标准大气压。

表 1-8　不同海拔的大气压力 P_f

海拔 （m）	-600	0	100	200	300	400	500	600	700	800	900	1000	1500	2000
P_f （10^5 Pa）	1.10	1.03	1.02	1.01	1.00	0.98	0.97	0.96	0.95	0.94	0.93	0.92	0.86	0.84

1.6　油系统布置设计及防火要求

1.6.1　辅助设备布置的要求

辅助设备的合理布置与快速安装、安全运行等有密切关系。其布置的一般原则是布置紧凑、操作维护方便、安全可靠和整齐美观。具体布置时，应满足如下要求：

（1）运行要求：操作简易、可靠，检查维护方便，有助于事故处理，符合机组提前发电要求。

（2）施工、安装和检修要求：在施工安装期间，能应用永久性设备和场地。在安装期间应使各工种互不干扰，有利于平行作业。因此，要求辅助设备和电气设备分侧布置。

（3）经济要求：尽量减少土石方开挖量和混凝土工程量；为节约金属用量，必须尽量缩短管长；不使厂房面积额外增大。在上述前提条件下尽可能做到整齐、美观、协调、紧凑、鲜明，给人以舒适之感。

1.6.2　油系统设备的合理布置

1. 油库布置

（1）油库可布置在厂房内或厂房外。油罐室的面积宜留有适当裕度，在进人门处应设置挡油槛。挡油槛内的有效容积应不小于最大油罐的容积与灭火水量之和。

（2）厂内透平油油库宜布置在水轮机层，且在安装场地设置供、排油管的接头。

（3）厂外绝缘油油库宜布置在变电站附近、交通方便和安全处，油罐可布置在室内或露天场地。布置在露天场地时，其周围应设有不低于 1.8 m 的围墙，并有良好的排水措施。露天油罐不应布置在高压输电线路下方。

（4）油罐宜成列布置，应使油位易于观察，进人孔出入方便，阀门便于操作。

2. 油处理室布置

（1）油处理室应靠近油罐室布置，其面积视油处理设备的数量和尺寸而定。

（2）油处理室内应有足够的维护和运行通道，两台设备之间净距应不小于 1.5 m，设备与墙之间的净距应不小于 1.0 m。

（3）油处理室宜设计成固定式设备的固定管路系统或移动式设备及用软管连接的管路系统。

（4）滤纸烘箱应布置在专用房间内，烘箱的电源开关不应放在室内，如果在室内，应采用防爆电器。

（5）油处理室地面应易清洗，并设有排污沟。

3. 管路敷设

（1）主厂房内油管路应与水、气管路的布置统一考虑，应便于操作维护且整齐美观。

（2）油管宜尽量明敷，如布置在管沟内，管沟应有排水设施。当管路穿墙柱或穿楼板时，应留有孔洞或埋设套管。

（3）管路敷设应有一定的坡度，在最低部位应装设排油接头。

（4）在油处理室和其他临时需连接油净化处理设备和油泵处，应装设连接软管用的接头。

（5）露天油管路应敷设在专门管沟内。

（6）油管路宜采用法兰连接。

（7）变压器和油开关的固定供、排油管宜分别设置。

（8）油管路应避开长期积水处。布置集油箱处应有排水措施。

4. 中心油务所布置

（1）梯级水电厂的总厂，可设置中心油务所。

（2）中心油务所内应设置储油和油净化处理设备。应按梯级水电厂或总厂中最大一台机组（或变压器）的用油量配置设备。

（3）中心油务所的油化验仪器设备宜按全分析项目配置。

（4）中心油务所应配置油罐车等运输设备。

1.6.3　油系统防火要求

油系统布置应符合《水利水电工程设计防火规范》（SDJ 278—90）的规定。油系统应有防火防爆措施，墙壁为防火防爆墙，并设置向外开的防火门。与油有关的室内工作场所都应考虑消防措施。其具体要求如下：

（1）绝缘油和透平油系统的设备布置，应符合如下防火要求：

①油罐室内部油罐之间的防火间距不宜小于 1 m。

②露天立式油罐之间的防火间距不应小于相邻立式油罐中较大罐直径的 40%，其最大防火间距可不大于 2 m。卧式油罐之间的防火间距不应小于 0.8 m。

③当露天油罐设有防止液体流散的设施时，可不设置防火堤。油罐周围的下水道应是封闭式的，入口处应设水封设施。

④当厂房外地面油罐室不设专用的事故排油、储油设施时，应设置挡油槛；挡油槛内的有效容积不应小于最大一个油罐的容积。当设有固定式水喷雾灭火系统时，挡油槛的有效容积还应加上灭火水量的容积。

⑤露天油罐或厂房外地面油罐室应设置消火栓和移动式泡沫灭火设备，并配置砂箱等消防器材。当其充油油罐总容积超过 200 m³，同时单个充油油罐的容积超过 80 m³ 时，宜设置固定式水喷雾灭火系统。

⑥厂房内不宜设置油罐室，如果必须设置，应满足以下防火要求：

a. 油罐室、油处理室应采用防火墙与其他房间分隔。

b. 油罐室的安全疏散出口不宜少于 2 个，但其面积不超过 100 m² 时可设一个。出口的门应为向外开的甲级防火门。

c. 单个油罐室的油罐总容积不应超过 200 m³。

d. 设置挡油槛或专用的事故集油池，其容积不应小于最大一个油罐的容积，当设有固定式水喷雾灭火系统时，还应加上灭火水量的容积。

e. 油罐的事故排油阀应能在安全地带操作。

f. 油罐室出入口处应设置移动式泡沫灭火设备及砂箱等灭火器材。当其充油油罐总容积超过 100 m³，同时单个充油油罐的容积超过 50 m³ 时，宜设置固定式水喷雾灭火系统。

⑦油处理系统使用的烘箱、滤纸应设在专用的小间内，烘箱的电源开关和插座不应设在该小间内。灯具应采用防爆型。油处理室内应采用防爆电器。

⑧钢质油罐必须装设防感应雷接地，其接地点不应少于 2 处，接地电阻不宜大于 30 Ω。

⑨绝缘油和透平油管路不应和电缆敷设在同一管沟内。

油库及油处理室的布置如图 1—10 所示。

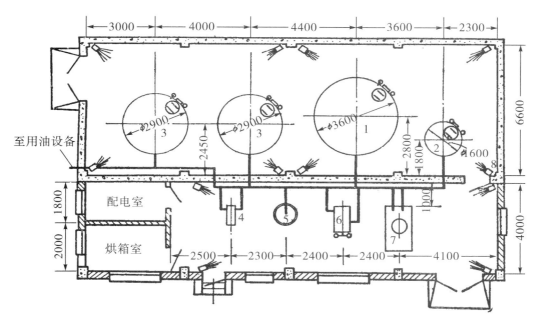

图 1—10　油库及油处理室布置图

1—净油槽；2—添油槽；3—运行油槽；4—吸附过滤器；5—油泵；
6—压力滤油机；7—真空滤油机；8—消防喷雾头

（2）油库与厂区建筑物的防火安全距离：绝缘油及透平油露天油罐与厂区建筑物的防火间距不应小于 10～12 m，与开关站的防火间距不应小于 15 m，与厂外铁路中心线的距离不应小于 30 m，与厂外公路路边的距离不应小于 15 m，与电力牵引机车的厂外铁路中心线的防火间距离不应小于 20 m，与电力架空线的最近水平距离不应小于电杆高度的 1.2 倍；绝缘油和透平油露天油罐以及厂房外地面油罐室与厂区内铁路装卸线中心线的防火距离不应小于 10 m，与厂区内主要道路路边的防火距离不应小于 5 m。

第2章 压缩空气系统

2.1 水电站压缩空气的用途

2.1.1 压缩空气的用途

由于空气具有极好的弹性，即可压缩性，是储存压能的良好介质。因此，用空气来储备能量作为操作能源是十分合适的。同时，压缩空气使用方便，易于储存和输送，所以在水电站中压缩空气得到了广泛的应用。无论机组是在运行，还是在检修和安装过程中，均需使用压缩空气。

水电站使用压缩空气的设备和机械如下：

（1）油压装置压力油槽充气，它是水轮机调节系统和机组控制系统的能源，目前许多电站油压装置采用高油压调速器，压力在 40×10^5 Pa 以上。

（2）机组停机时制动装置用气，额定压力为 7×10^5 Pa。

（3）机组作调相运行时转轮室压水用气，额定压力为 7×10^5 Pa。

（4）检修维护时风动工具及吹污清扫用气，额定压力为 7×10^5 Pa。

（5）水轮机导轴承检修密封围带充气，额定压力为 7×10^5 Pa。

（6）蝴蝶阀止水围带充气，额定压力视作用水头而定，一般比作用水头大$(1\sim3)\times10^5$ Pa。

（7）寒冷地区的水工建筑物闸门、拦污栅及调压井等处的防冻吹用气，工作压力一般为$(3\sim4)\times10^5$ Pa，但为了干燥目的，压缩空气的额定压力为工作压力的 $2\sim4$ 倍。

根据上述用户的性质和要求，水轮机调节系统和机组控制系统的油压装置均设在水电站主厂房内，要求气压较高，故其组成的压缩空气系统称为厂内中压压缩空气系统；机组制动、调相压水、风动吹扫和空气围带等也都在厂内，要求气压均为 7×10^5 Pa，故可根据电站具体情况组成联合气系统，称为厂内低压压缩空气系统；水工闸门、拦污栅、调压井等都在厂外，要求气压为 7×10^5 Pa，故称为厂外低压压缩空气系统。以前的厂外配电装置灭弧及操作用的中压气系统已很少见，水电站新型六氟化硫配电装置由设备制造厂家配套供应，其气动操作机构工作压力一般为 25×10^5 Pa，水电站只对其压缩空气设备进行运行维护。

2.1.2 压缩空气系统的组成和任务

压缩空气系统由空气压缩装置（空气压缩机及其附属设备）、供气管网、测量控制元件和用气设备四部分组成。压缩空气系统的任务就是随时地满足用户对于气量的要求，并且保证压缩空气的质量要求，主要是气压、清洁和干燥的要求。为此，必须正确地选择压缩空气设备，合理地组织压缩空气系统，并且实行自动控制。

2.2　活塞式空气压缩装置

现代工业中，压缩气体的机器用得越来越多。由于各部门所需的气体压力和排气量各不相同，因此就有多种形式的空气压缩机。各种形式的空气压缩机按工作原理分为两大类，即速度型和容积型。

速度型空气压缩机是依靠气体在高速旋转叶轮的作用下，获得巨大的动能，随后在扩压器中急剧降速，使气体的动能转变为势能（压力能）。

容积型空气压缩机是依靠在气缸内作往复运动的活塞，使容积缩小而提高气体压力。

空气压缩机按结构形式的不同，分类见表 2—1。

表 2—1　空气压缩机的分类

```
                      ┌ 轴流式
            ┌ 速度型 ┤ 离心式
            │        └ 混流式
空气压缩机 ┤        ┌        ┌ 滑片式
            │        │ 回转式 ┤ 螺杆式
            └ 容积型 ┤        └ 转子式
                     │ 往复式 ┌ 膜式
                     └        └ 活塞式
```

由于往复式空气压缩机（或称活塞式空气压缩机）具有压力范围广（目前工业中使用的最高压力已达 3500×10^5 Pa）、效率高、适应性强等特点，因此在现代工业中获得了广泛的应用。水电站使用的空气压缩机大多属于活塞式，故本节只讨论活塞式空气压缩机的基本原理与一般结构。

2.2.1　活塞式空气压缩机

1. 活塞式空气压缩机工作原理

1）理想气体状态方程

气体在某状态下的压力、温度、体积和物质的量之间的关系的数学表达式，称为气体状态方程。

理想气体是指气体分子间没有吸引力，分子本身不占有空间的气体。实际上，理想气体是没有的。但对于多数气体，在压力不太高和温度不太低的情况下，按理想气体状态方程进行热力计算已足够精确。

理想气体状态方程为

$$PV = nRT \qquad\qquad (2-1)$$

式中　　P——空气压力（Pa）；

　　　　V——气体体积（m^3）；

　　　　T——温度（K）；

　　　　n——气体的物质的量（mol）；

　　　　R——气体常数 $[J/(mol \cdot K)]$。

2）理论工作过程

在空气压缩机内，随着活塞的移动，气缸内气体的状态是不断变化的。为了研究问题方便，假定如下条件：①气缸没有余隙容积，并且密封良好，气阀开、关及时；②气体在吸气和排气过程中状态不变；③气体被压缩时是按不变的指数进行的。符合以上三个条件的工作过程称为理论工作过程。

在活塞式空气压缩机中，气体是依靠在气缸中作往复运动的活塞来进行压缩的。图2-1为活塞式空气压缩机的工作原理，主要组成部分有活塞1、气缸2、吸气阀3及排气阀4。

当活塞1向右移动时，气缸2左腔容积增大，压力降低，形成真空，吸气阀3克服弹簧阻力自行打开，空气在大气压力的作用下进入气缸左腔，这个过程称为吸气过程；当活塞返行时，气缸左腔压力增高，吸气阀3自动关闭，吸入的空气在气缸内被活塞压缩，这个过程称为压缩过程；当活塞继续向左移动，气缸内的气体压力增高到排气管中的压力时，排气阀4自动打开，压缩空气被排出，这个过程称为排气过程。至此，就完成了一个工作循环。活塞继续运动，上述工作循环将周而复始地进行，以完成压缩气体的任务。

在图2-1中，活塞仅有一侧工作，在往复两行程中只有一次吸气过程和一次压缩过程，这种压缩机称为单作用式（单动式）空气压缩机。在活塞的两行程中都进行吸气和排气的压缩机称为双作用式（复动式）空气压缩机，如图2-2所示，这种空气压缩机充分利用了气缸的容积。

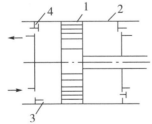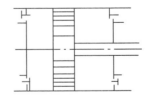

图2-1　单作用式空气压缩机工作原理　　　图2-2　双作用式空气压缩机工作原理

为了获得高压力的压缩空气，可将几个气缸串联起来工作，连续对空气进行多次压缩，这种空气压缩机称为二级、三级或多级空气压缩机。

当压缩空气由一个气缸过渡到另一个气缸时，须经专门的中间冷却器进行冷却，利用空气冷却的称为风冷式空气压缩机，利用水冷却的称为水冷式空气压缩机。风冷式空气压缩机冷却效果较差，一般只用于小型空气压缩机。

3）实际工作过程

空气压缩机的实际工作过程与上面讨论的理论工作过程有所不同，其原因有如下几个方面：

（1）存在余隙容积。

（2）吸气时气缸内压力小于气缸外压力。

（3）排气时气缸内压力大于气缸外压力。

（4）温度的影响。

（5）湿度的影响。

（6）空气压缩机配合不严密的影响。

气缸中的余隙容积是不可避免的，因此排气时必定有剩余压缩空气未被排出，在吸气开始阶段它会重新膨胀，使实际吸入的气体量减少；吸气时，外界气体要克服吸气阀的弹簧力才能进入气缸，排气时也要克服排气阀的弹簧力才能把压缩空气排出；压缩空气时，气缸吸收热量而发热，直接影响吸入空气的温度；空气中含有水分，吸气时水蒸气也进入气缸，经压缩并冷却后，大部分凝结成水排除掉；在吸气和排气过程中，空气会经过活塞环、吸气阀和排气阀等不严密处漏气。所有这些因素都使得实际吸气量与排气量比理论计算值小。

这些因素对空气压缩机的影响一般用排气系数来表示，它是判定空气压缩机质量的参数之一，其值在 0.60～0.85 之间。

2. 活塞式空气压缩机的结构形式

活塞式空气压缩机的结构形式很多，但是决定空气压缩机基本结构特点的还是气缸的位置，分为立式、卧式和角式。由于气缸中心线相互位置不同，角式还可分为 V 型、L 型和 W 型等。

移动式空气压缩机均为角式结构，多为 V 型，也有 W 型等，都是风冷、无十字头，排气量多在 12 m³/min 以下。

对于固定式空气压缩机，当排气量为 3～10 m³/min 时，普遍采用风冷、无十字头的 V 型、W 型等角式结构；当排气量为 10～100 m³/min 时，大多为水冷、带十字头的 L 型、V 型及 W 型等角式结构。立式或单列、两列的卧式已基本上被淘汰。

角式空气压缩机的结构比较紧凑，动力平衡性较好。图 2-3 为国产 V-1/40～V-1/60 型空气压缩机外形，排气量为 1 m³/s，额定排气压力为 (40～60)×10⁵ Pa。

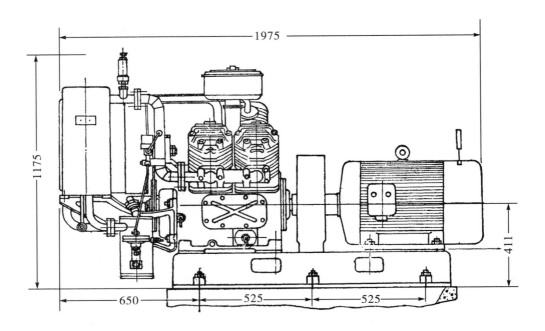

图 2-3 V-1/40～V-1/60 型空气压缩机基本结构

3. 空气压缩机的排气量及其调节

空气压缩机在单位时间内排出的气体容积，换算到吸气状态（压力、温度）下的数值，称为排气量。压缩空气的排气量取决于第一级的压缩气缸尺寸和排气系数。

对于单作用式空气压缩机，其排气量计算公式为

$$V_m = \frac{\pi}{4} D^2 Sni\lambda \tag{2-2}$$

式中 D——第一级压缩气缸直径（m）；

    S——活塞行程（m）；

    n——曲轴转速（r/min）；

    i——第一压缩级气缸数；

    λ——排气系数。

对于双作用式空气压缩机，其排气量计算公式为

$$V_m = \frac{\pi}{4} (2D^2 - d^2) Sni\lambda \tag{2-3}$$

式中 d——活塞杆直径（m）。

排气量有时还要求换算到标准状态，可用下式计算：

$$V_0 = V_m \frac{T_0 P_1}{T_1 P_0} \tag{2-4}$$

式中 P_1，T_1——吸气状态下气体的压力和温度；

    P_0，T_0——标准状态下气体的压力和温度。

空气压缩机的排气量与压缩空气的消耗量不相适应时，会引起排气网中压力的波

动。当排气量超过消耗量时，压力升高；反之，压力降低。为了保证某些用户设备（如风动工具）的正常工作，排气管网应当保持接近恒定的压力，因此必须对空气压缩机的排气量进行调节。调节的方法有以下几种：

（1）打开排气阀将多余的气体排至大气中。

（2）改变原动机的转速。

（3）停止原动机运转。

（4）打开吸气阀。

（5）关闭吸气阀。

（6）连通辅助容器，增大余隙容积。

上述第一种方法因为不经济，最好不采用。第二种方法用于以蒸汽机或内燃机带动的空气压缩机中，因为这些原动机改变转速较容易。第三种方法用于以电动机带动的小型空气压缩机中。水电站大多数用气设备都是要求瞬时或短时间使用大量的压缩空气（如操作电气设备、调相压水等），通常用足够大的储气罐来供给，只有当储气罐的气压降低到整定值的下限时，才启动空气压缩机，而所采用的空气压缩机通常为电动机带动的小型空气压缩机。因此，停止原动机转速的调节方法在水电站中广泛采用，也是经济的。第四种打开吸气阀的调节方法在水电站中也常用，可通过调整器和卸荷阀来实现。其他方法则很少采用。

4. 空气压缩机的冷却装置

空气压缩机的冷却包括气缸壁的冷却及级间气体的冷却。这些冷却可以改善润滑工况、降低气体温度及减小压缩功耗。图 2—4 为两级空气压缩机的串联冷却系统。图中冷却水先进入中间冷却器而后进入气缸的水套，以保持气缸壁面上不致析出冷凝水而破坏润滑。冷却系统的配置可以串联、并联，也可混联。

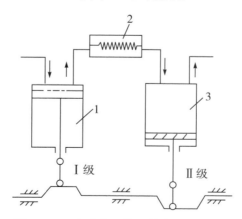

图 2—4　两级空气压缩机的串联冷却系统
1—Ⅰ级气缸；2—中间冷却器；3—Ⅱ级气缸

空气压缩机级间冷却器经常放置在压缩机机体上。对于大型空气压缩机的级间冷却器，气体压力 $P < 3 \sim 5$ MPa 时采用管壳式换热器，利用轴流式风扇吹风冷却；压力再高时一般采用套管式换热器和水冷却，冷却后的气体与进口冷却水的温差一般在 5℃～

10℃，为避免水垢的产生，冷却后的水温应不超过 40℃。冷却后的气体进入油水分离器，将气体中的油与水分离。

2.2.2 空气压缩装置的其他设备

空气压缩装置还有许多附属设备，主要包括空气过滤器、储气罐、油水分离器、冷却器等。

1. 空气过滤器

空气过滤器用来过滤大气中所含的尘埃。尘埃进入气缸后，由于气缸中压缩空气所产生的高温影响，会与气缸的润滑油混合而逐渐碳化，并且在气缸内壁、活塞和阀板上形成积碳，结果使气阀关闭不严密，活塞环粘连在活塞上失去弹性。同时积碳还会落入填料箱中，并沉积在活塞杆上。因此，必须通过空气过滤器来清除空气中的混合杂质。

常用的空气过滤器有填充纤维过滤器和金属网过滤器两种，都直接装在吸气管上。此外，还有自动浸油过滤器，常用在大容量空气压缩机或压缩空气站的集中过滤室。

2. 储气罐

首先，储气罐可作为压力调节器，能缓和活塞式空气压缩机由于断续动作而产生的压力波动；其次，储气罐可作为气能的储存器，当用气设备耗气量小时积蓄气能，耗气量大时放出气能；再次，由于压缩空气的温度急剧下降，以及运动方向改变，储气罐可将水分和油珠加以分离和汇集。此外，储气罐还可以作为以管网中的空气消耗量不同而操作空气压缩机调节器的一种器械。

储气罐是非标准容器，用钢板焊接而成，常用的结构形式如图 2-5 所示。

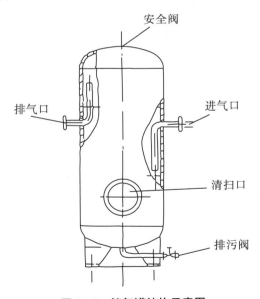

图 2-5 储气罐结构示意图

3. 油水分离器

油水分离器（又称为气水分离器或液气分离器）的功能是分离压缩空气中所含的油

分和水分，使压缩空气得到初步净化，以减少污染、腐蚀管道和对用户的使用产生不利影响。

油水分离器的作用原理是根据不同的结构形式，使进入油水分离器中的压缩空气气流改变方向和速度，依靠气流的惯性，分离出密度较大的油滴和水滴。

油水分离器通常采用以下两种基本结构形式：

（1）使气流产生撞击并折回，如图 2—6（a）所示。

（2）使气流产生离心旋转，如图 2—6（b）所示。

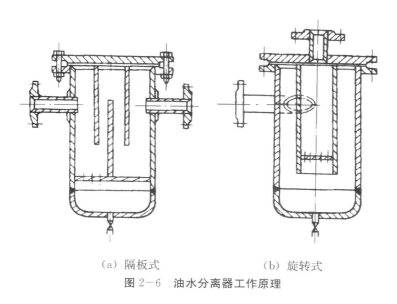

（a）隔板式　　　　　　（b）旋转式

图 2—6　油水分离器工作原理

4. 冷却器

多级空气压缩机除对气缸冷却外，还设有冷却器，用作多级空气压缩机的级间冷却和机后冷却，即经过一级压缩的空气，必须经过冷却器冷却后再进入下一级压缩，以减少压缩功耗；或是空气压缩机压缩排出的高温空气经冷却器冷却后再进入用气设备或储气罐，以降低空气压缩机排气的最终温度。

对于排气量小于 $10\ \text{m}^3/\text{min}$ 的小容量空气压缩机，大多采用风冷式冷却器，即把冷却器做成蛇管式或散热器式，用风扇垂直于管子的方向吹风；排气量较大的空气压缩机多采用水冷式冷却器，有套管式、蛇管式、管壳式等。

2.3　机组制动供气

2.3.1　机组制动概述

水轮发电机组在运转时具有很大的动能，即 $E = J\omega^2/2$，式中 J 为机组转动部分的转动惯量，ω 为机组转动角速度。当发电机与电网解列，水轮机导叶关闭之后，机组的动能仅消耗在克服摩擦力上。根据这种能量的消耗程度，机组转速逐渐下降，经过一段时间机组就停下来。在自由制动过程中，作用于机组主轴上的制动总力矩等于发电机转子对空气的摩擦力矩，推力轴承和导轴承上的摩擦力矩，以及水轮机转轮对空气或水的摩擦力矩之和。

制动总力矩的一般公式可用机组角速度 ω 的函数 $M = f(\omega)$ 表示。当机组转速高时，制动力矩大，机组转速下降速度快；当机组转速低时，制动力矩小，机组转速下降速度慢，即低速运行时间长。因此，机组在自由制动情况下停机过程长达 $10\sim30$ min，对于大型低转速水轮机，甚至长达 1 h 左右。

图 2-7 为在自由制动情况下水力机组转速变化过程的试验资料。由图中曲线可以看出，水轮机转轮在空气中旋转时机组的自由制动过程要比转轮在水中选择时长几倍。

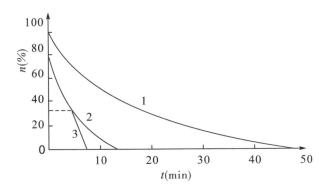

图 2-7　在自由制动情况下水力机组转速变化曲线
1—转轮在空气中；2—转轮在水中；3—强迫制动

当水轮机导水叶关闭不严密而有漏水时，在机组主轴上就将经常作用着数值上与制动力矩相抵消的转动力矩，这时机组将不能停机，而长时间在低速状态下转动。

由于机组在低转速运行时，推力轴承的润滑条件恶化，有发生半干摩擦或干摩擦的危险，发电机制造厂对自由制动条件下推力轴承的工作可靠性不予保证，所以随发电机提供一套强迫制动的装置——制动闸。

通常采用压缩空气作为强迫制动的能源来推动制动闸。为了避免制动闸摩擦面上的过度发热和磨损，以及减少制动装置的功率，通常规定待机组转速降低到额定转速的 $30\%\sim40\%$ 时才进行强迫制动。由等式 $E = J\omega^2/2$ 可知，这时机组转动部分的剩余能量大部分已被消耗掉，制动系统仅需抵偿很小的一部分能量。制动闸的数目、尺寸和工作压力就是根据这种条件来考虑的。由于采用了强迫制动，机组的停机时间大为缩短，对多数机组都不超过 $2\sim4$ min，只有某些转动惯量较大的大型机组，停机时间达 $7\sim10$ min。

发电机制动装置除了用于制动外，还用作油压千斤顶来顶起发电机转子。因长时间停机后，推力轴承油膜可能被破坏，故在开机前要将转子顶起，使之形成油膜。顶起转子是用移动式高压油泵，将油压加到接近 100×10^5 Pa，由制动闸将转子抬高 $8\sim$ 12 mm。按规程规定，第一次停机 24 h 以上，第二次停机 36 h 以上，第三次停机 48 h 以上，以后为 72 h 以上需顶起转子。有时为检修也需要顶起转子。

制动闸装置在发电机下机架上，或者设在水轮机顶盖上的推力轴承油池支架上，其数目视发电机尺寸而定，为 4～36 个。制动闸结构如图 2-8 所示。

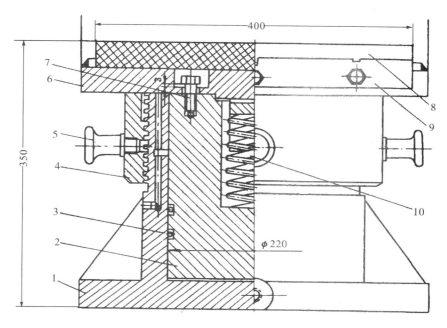

图 2-8　制动闸结构

1—底座；2—活塞；3—O 形密封圈；4—螺母；5—手柄；

6—制动板；7—螺钉；8—制动块；9—夹板；10—弹簧

2.3.2　机械制动装置系统

制动用气工作压力允许范围是 $(5～7)\times10^5$ Pa（表压力）。制动用气的气源，我国各电站都是从厂内低压气系统中通过专门的储气罐和供气干管来供给。机组的管路及控制测量元件一般都集中布置在一个自动盘内，以便于运行管理。图 2-9 为国内较典型的机组制动装置系统工作原理。

1. 制动操作

制动操作分为自动操作和手动操作两种。

自动操作：机组在停机过程中，当转速降低到规定值（通常为额定转速的 35%）时，由转速信号器控制的电磁空气阀 DKF 自动打开，压缩空气从供气总管经过常开阀门 1、电磁空气阀 DKF、常开阀门 2、三通阀 7、制动供气环管后进入制动闸对机组进行制动。制动延续时间由时间继电器整定，经过一定的时限后使电磁空气阀 DKF 复归（关闭），制动闸中压缩空气经三通阀 7、常开阀门 2、电磁空气阀 DKF 与大气相通，压缩空气排出，制动完毕。排气管最好引到厂外或地下室，以免排气时在主机室产生噪音和排出油污，吹起灰尘。

手动操作：制动装置应并联一套手动操作阀门 3 和 4，以便当自动化元件（如 DKF）失灵或检修时，可以手动操作，保证工作可靠。当电磁空气阀 DKF 失灵或检修

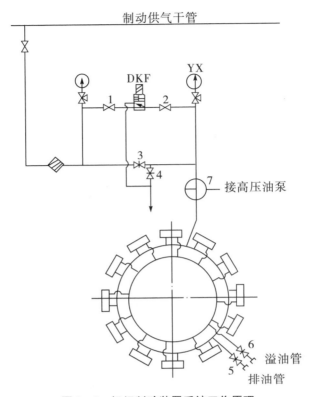

图 2—9　机组制动装置系统工作原理

时，通过关闭阀门 1 和 2 切除自动操作回路；手动打开常闭阀门 3，压缩空气从供气干管经过常闭阀门 3 和三通阀 7 进入制动闸对机组进行制动；制作完毕后，关闭闭阀门 3 和打开常闭阀门 4，压缩空气经三通阀 7 和常闭阀门 4 接通排气管排气。

制动装置中的压力信号器 YX 是用来监视制动闸状态的，其常闭接点串在自动开机回路中，当制动闸处于无压状态即落下时，才具备开机条件。

2. 顶起转子

先关闭常开阀门 2 和常闭阀门 4，切换三通阀 7 接通高压油泵，用手摇或电动油泵打油到制动闸，使发电机转子抬起 8～12 mm。开机前放出制动闸中的油，打开阀 5，油沿排油管经阀 5 排至回油箱。风闸活塞间的漏油经阀 6 排出，制动闸和环管中的残油可用压缩空气来吹扫。

制动气源也可由调速系统油压装置经减压后供给，国外采用这种供气方式的机组较多，国内已运行的电站中只有个别电站的机组采用这种供气方式。由于减压截止阀不可靠，制动管路内常出现压力升高现象，故有的电站已废弃不用。一般电站都有其他低压压缩空气用户。因此，从油压装置引气制动的优越性并不大，仍由低压气系统供气比较可靠。

水电站辅助系统以及水泵站排水管道为虹吸式的，此时在出水流道的驼峰顶部应装有真空破坏阀，其工作原理如图 2—10 所示。

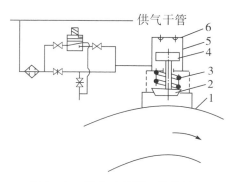

图 2—10　真空破坏阀工作的原理

1—水泵出水管；2—阀盘；3—弹簧；4—活塞；5—气缸；6—信号接点

3. 冲击式机组制动喷嘴系统

冲击式机组的制动是利用专设的喷嘴使反向射流喷射到转轮的水斗背上，在机组轴上产生制动力矩。图 2—11 为冲击式机组制动喷嘴控制系统。控制系统的针阀 1 由弹簧式差动接力器 3 来控制，而接力器由配压阀 4 来控制。在停机过程开始前，配压阀位于下面位置，接力器工作腔与回油相通。针阀 1 在弹簧 5 的作用下使喷嘴 2 关闭。当水轮机主工作针阀关闭和发电机解列之后，电磁线圈 6 接通，使配压阀向上移，压力油进入接力器的工作腔，活塞向左移，针阀开启。射流作用在水斗背上，使转轮制动。当机组停止时，电磁线圈断开，弹簧 7 通过配压阀移向下端，

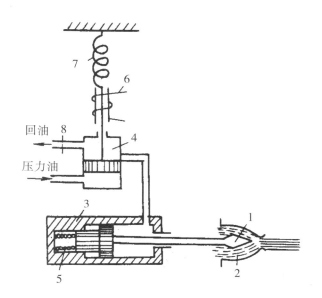

图 2—11　冲击式机组制动喷嘴控制系统

1—针阀；2—喷嘴；3—接力器；4—配压阀；

5、7—弹簧；6—电磁线圈；8—节流片

接力器工作腔重新接通回油，针阀在弹簧 5 的作用下使喷嘴关闭。活塞运动速度可利用节流片 8 来调节。使配压阀电磁线圈断开的机组转速和针阀关闭的全行程时间的选择，应使转轮在全停时射流刚好停止，因为制动射流时间过长可能会使转轮倒转。

国外某些公司制造的冲击式机组同时采用两种制动方式，即反向射流和制动闸（机械制动）。在这种机组上，制动喷嘴关闭时可用压缩空气来制动。此外，有的除了反向射流以外，还采用反向电流的制动方式。应该指出，设置两套制动装置使设备和机组控制系统复杂化。

2.3.3 设备选择计算

1. 机组制动耗气量的计算

制动耗气量取决于发电机所需的制动力矩，由电机制造厂提供。设计制动供气系统时按下面的方法计算。

（1）根据制动耗气流量计算总耗气量，其计算公式为

$$Q_z = \frac{q_z t_z P_z \times 60}{1000 P_a} \qquad (2-5)$$

式中　　q_z——制动过程耗气流量（L/s），由电机厂提供；

　　　　t_z——制动时间（min），由电机厂提供，一般为 2 min；

　　　　P_z——制动气压（绝对压力），一般取 7×10^5 Pa；

　　　　P_a——大气压力，海拔 900 m 以下一般取 10^5 Pa。

（2）按充气容积计算总耗气量，其计算公式为

$$Q_z = \frac{(V_z + V_d) P_z K_l}{P_a} \qquad (2-6)$$

式中　　V_z——制动闸活塞行程容积（m³）；

　　　　V_d——制动盘至制动闸的管道容积（m³）；

　　　　K_l——漏气系数，一般取 1.6～1.8。

这种计算方法较合理，因为制动过程并非是持续耗气过程，制动耗气量主要取决于制动闸及所连接管道的容积。但目前尚缺乏实测资料，应进一步做工作，使之完善。

（3）初步设计时，可按下式估算：

$$Q_z = \frac{KN}{1000} \qquad (2-7)$$

式中　　N——发电机额定出力（kW）；

　　　　K——经验系数，一般取 0.03～0.05。

2. 储气罐容积的计算

机组制动用气主要由储气罐供给，储气罐容积必须保证制动用气后，罐内气压保持在最低制动气压以上。储气罐容积的计算公式为

$$V_g = \frac{Q_z Z P_a}{\Delta P_z} \qquad (2-8)$$

式中　　Q_z——一台机组制动耗气量（m³）；

　　　　Z——同时制动的机组台数，与电站电气主接线有关；

　　　　ΔP_z——制动前后储气罐允许压力降（Pa），一般取 $(1～2) \times 10^5$ Pa。

对于多机组的大型电站，制动储气罐最好为 2 个，每个罐的容积应为 $V_g/2$，以便于清扫储气罐。

3. 空压机生产率的计算

空压机（空气压缩机的简称，后同）生产率（即容量）按在一定时间内恢复储气罐压力的要求来确定，其计算公式为

$$Q_k = \frac{Q_z Z}{\Delta T} \tag{2-9}$$

式中 ΔT——储气罐恢复压力时间（min），一般取 $10\sim15$ min。

如果专为机组制动用气设置一个单独的供气系统，应设两台空气压缩机，一台工作，一台备用。

4. 供气管道选择

制动供气管道采用镀锌钢管和水煤气钢管，管径通常按经验选取，供气干管 $\phi20\sim100$ mm，环管 $\phi15\sim32$ mm，支管 $\phi15$ mm。自三通阀以后的制动供气管，须采用耐高压的无缝钢管，因为用油泵顶转子时，这段管路将承受高压油。

2.4 机组调相压水供气

2.4.1 调相压水概述

为了提高电力系统的功率因素和保持电压水平，常常需要装置调相机（同期补偿器），向系统输送无功功率，以补偿输电线路和异步电机的感性容性电流。

利用水轮发电机作同期调相运行有许多优点：比装设专门的同期调相机经济，不需一次投资；运行切换灵活简便，由调相机运行转为发电机运行只需要 $10\sim20$ s，故承担电力系统的事故备用是很灵活的。其缺点是消耗电能比其他静电容器大。

水电站是否承担调相任务，取决于电力系统的要求和本电站的具体条件，需由多方面来论证。如果电站距离负荷中心比较近，系统又缺乏无功功率，而该电站的年利用小时数又不高，则利用水轮发电机组在不发电期间作同期调相方式运行是合理的。近年来，利用水轮发电机组作调相运行的电站已日益增多。

水轮发电机组作调相运行时，有四种方式可供采用：第一种方式，水轮机转轮与发电机解离。它有很大缺点，短期内不能转为发电运行，而且拆卸和安装工作也颇费周折。第二种方式，关闭进水口闸门和尾水闸门，抽空尾水管的存水。但转为发电运行时需要较长时间充水，而且使运行操作复杂化。第三种方式，开启导叶使水轮机空转，带动发电机作调相运行。这种方式也不能被推广采用，因为水轮机在空载工况下效率极低，耗水量大，极不经济。第四种方式，利用压缩空气强制压低转轮室水位，使转轮在空气中旋转。这种方式操作简便，转换迅速，能量消耗少，是目前采用最广泛的方式。

调相压水的目的是减小阻力，即减小电能消耗，同时对机组振动也可相应减轻。机组作调相运行时的有功损耗与所发无功功率有关，满发时，转轮在水中旋转约为额定有功功率的 15%，在空气中旋转则为 4% 左右。例如新安江水电站，机组出力为72500 kW，作调相运行满发时，转轮在水中旋转要消耗系统有功12000 kW，而在空气中旋转只消耗 2500 kW。又如富水水电站，机组出力为 17000 kW，转轮在水中和空气中旋转所消耗的功率分别为 1200 kW 和 300 kW；密云水电站，机组出力为15000 kW，功率消耗分别为 3300 kW 和 600 kW；苏联卡霍夫水电站，机组出力为51800 kW，功率消耗分别为8000 kW和2000 kW。由此可见，调相压水的经济效益是很大的。

压缩空气通常是从专用的储气罐中引来，强制压低尾水管中的水位。压缩空气的最小压力必须等于转轮室所要求压低的水位与下游水位之差。

2.4.2　给气压水作用过程和影响因素

一般水电站在机组切换为调相运行的给气压水过程中，常从尾水管逸失大量空气。正是由于存在这种逸气现象，使得压水往往不能成功，转轮始终不能脱水，或者需要消耗很多压缩空气。据模型试验观察，当转轮在水中旋转时，一方面搅动水流使其形成旋转回流，另一方面也在尾水管中引起竖向回流和尾水管垂直部分与水平部分间的横向回流，如图 2—12 所示。这些回流随转速增高可以达到很强烈的程度，并导致压水时从尾水管逸气的现象。空气进入转轮室后，先被水流冲裂成气泡，然后由竖向回流将其带至尾水管底部，一部分气泡随着中心的水流回升上去，另一部分气泡则随着横向回流带至下游。

竖向回流携带空气的能力是有限的。如果起始时刻的给气流量超过携气流量的极限值，给入的空气

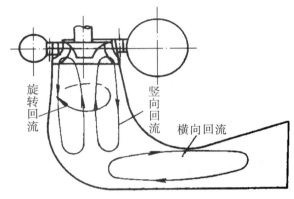

图 2—12　水轮机调相运行前尾水管中水流流态

不会被完全冲散逸失，此时转轮室内会出现气水分界面，形成空气室。由于空气室的形成，转轮搅动水流的作用立即减弱，被带下去的空气陆续回升上来，加之不断继续给气，水面很快被压下去。同时由于转轮脱水很快，所以在压水过程中逸气很少，甚至不产生逸气。此时压缩空气的利用率 $\eta \approx 1$。

如果起始的给气流量小于携气流量的极限值，则给入的空气将全部被冲散带走。但随着水流的掺气，水流携气能力将逐渐减弱，当携气流量的极限值下降到给气流量以下时，也会出现气水分界面而将水面压下。根据气水分界面出现的早晚，这种压水过程将有不同程度的空气逸失。此时压缩空气的利用率 $\eta < 1$。

如果给气流量很小，在整个压水过程中，始终不超过相应时刻的携气流量的极限值，那就不会出现气水分界面，压水也就不会成功。此时压缩空气的利用率 $\eta = 0$。

既然给气流量、携气流量和逸气流量决定着压水成败和效果，那么凡是影响这三个量的因素也就必然对压水效果有影响。影响给气流量的因素有给气压力、给气管径（包括阻力）以及储气罐容积。影响携气流量和逸气流量的因素有转轮的型号、尺寸和转速，给气位置，下游水位，尾水管高度，以及导叶漏水量等。

　　1. 给气管径和给气压力的影响

通过给气管的起始流量可按下式计算：

$$q_1 = Kf(P_1 + P_a) \qquad (2-10)$$

式中　　f——给气管截面面积（mm^2）；

　　　　P_1——储气罐压力（表压力）（Pa）；

P_a——大气压力（Pa）；

K——与气体绝热系数、重力加速度、外界气体压力和比热容有关的系数。

由式（2-10）可见，由于给气管径太小或管件阻力太大，以致给气流量不足，难以压水成功。但加大管径及拆除阻力后（储气罐容积不变），即可压水成功，这种情况国内外均不乏其例。在模型试验中，以三种不同管径进行给气压水也证明了这一点。因此，起始给气流量 q_1 对调相压水是一个重要因素。此外，从试验中还可看出，给气压力越高，系数 K 越大，起始给气流量 q_1 也越大，压水效果也就越好。

2. 储气罐容积的影响

给气压水时，需短时间内由储气罐供给大量压缩空气。由式（2-10）可知，起始给气流量 q_1 并不取决于储气罐容积。因此，当起始给气流量大于携气流量的极限时，储气罐容积对压水成败并无影响。只有当起始给气流量小于携气流量的极限时，压水成败除了取决于起始给气流量外，还受到以后给气流量的影响，同时储气罐容积的影响也就显示出来了。

3. 给气位置的影响

混流式水轮机可以从以下三个位置往转轮室给气：①顶盖边缘，空气从导叶和转轮叶片之间进入转轮室；②从顶盖上，空气从转轮上冠的减压孔进入转轮室；③从尾水管进口的管壁上。试验表明：位置①给气的效果最好，位置②较差，位置③最差。这是因为位置③正处于水流流速最大的地方，给入的空气易被冲散带走，故压水效果最差。位置②处的水流速度要小得多，故压水效果较好。位置①恰好在转轮室的角上，水流速度最小，故压水效果自然也就最好。但实际上，从位置①处开设进气孔比较困难，故目前大多数电站都采用在位置②处设置进气孔。进气孔宜多设几个，大机组可设 4 个或更多。每个进气孔所连接的支管的过流截面面积之和应不小于总管的过流面积。

4. 导叶漏水的影响

调相压水后的逸气现象主要是由导叶漏水所引起的。因为导叶漏水通过水轮机转轮的旋转作用具有旋转动能，会使尾水管中被压下去的水体跟着旋转，从而引起横向回流。另外，漏水将把一部分空气卷入水中，形成许多气泡。气泡的多少和冲入水中的深度取决于漏水量的多少和速度。如果漏水量大到可以把气泡冲到尾水管底部，就会有一部分气泡随横向回流逸向下游。

5. 转速的影响

水轮机转速越高，尾水管中的回流就越强烈，压水效果必然越差。

水轮机的型号及尺寸、下游水位和尾水管的高度的影响尚缺乏试验资料，理论分析有待深入。但对于已知电站，这些都是常数。

2.4.3　设备选择计算

1. 充气容积的计算

1）压水深度

充气压水的基本要求是把水面压低到转轮以下，使转轮在空气中旋转。对混流式水轮机，压水深度应在转轮下环底面以下 $(0.4\sim0.6)D_1$（D_1 为水轮机直径），但不小于

1.2 m，转轮直径小、转速高的机组取大值。对于转桨式水轮机，压水深度应在叶片中心线以下 $(0.3 \sim 0.5)D_1$，但不小于 1 m，转轮直径小、转速高的机组取大值。

2）充气容积

充气容积包括转轮室空间、尾水管部分容积，以及可能与这两部分连通的管道、腔体。

混流式机组如图 2-13 所示，各部分的充气容积可分别计算如下：

导叶部分 $V_1 = \frac{\pi}{4}D_0^2 b_0$，底环部分 $V_2 = \frac{\pi}{4}D_2^2 h_1$，锥管部分 $V_3 = \frac{\pi}{3}h_2(R^2 + r_2^2 + Rr_2)$，转轮所占容积 $V_4 = G/\gamma_{铜}$，总充气容积 $V = V_1 + V_2 + V_3 - V_4$，其中转轮室充气容积 $V_l = V_1 + V_2 - V_4$。

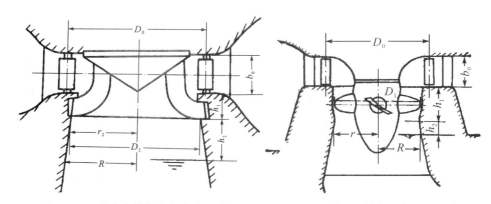

图 2-13　混流式转轮充气容积示意图　　图 2-14　轴流式转轮充气容积示意图

3）轴流式水轮机充气容积

轴流式机组如图 2-14 所示，各部分的充气容积可分别计算如下：

$V = V_1 + V_2 + V_3 - V_4$，$V_1 = \frac{\pi}{4}\left[D_0^2 - (\alpha D_1)^2\right]b_0$，$V_2 = \frac{\pi}{4}D_1^2 h_1$，$V_3 = \frac{\pi}{3}h_2(R^2 + r^2 + rR)$，$V_4 = (0.8 \sim 0.9)\frac{G}{\gamma_{铜}}$，其中 α 为轮毂比。

2. 充气压力的计算

转轮室的充气压力必须平衡尾水管内外的水压差值。转轮脱水时，充气压力 P_l（绝对压力）的计算公式为

$$P_l = 10^4(\nabla_{尾水} - \nabla_{下环}) + P_a \tag{2-11}$$

压水至下限水位时，充气压力 P（绝对压力）的计算公式为

$$P = 10^4(\nabla_{尾水} - \nabla_{下限}) + P_a \tag{2-12}$$

式（2-11～12）中，P_a 为当地大气压力。各地的大气压力随海拔的变化而变化，且与季节有关，可按下式计算：

$$P_a = P_0\left(1 - \frac{H}{44300}\right)^{5.256} \tag{2-13}$$

式中　　P_0——温度为 0℃ 和海拔为 0 m 时的大气压力，一般取 1.012×10^5 Pa；

　　　　H——海拔（m）。

3. 储气罐容积的计算

给气压水时，需短时间内由储气罐供给大量的压缩空气。储气罐的容积必须满足首次压水过程总耗气量的要求，除了转轮室必需充气外，还应补偿压水过程中不可避免的漏气量。

调相压水储气罐的容积，应按一台机组首次压水过程的耗气量和压水后储气罐内的剩余压力值确定，可按下式计算：

$$V_g = \frac{K_t PV}{\eta(P_1 - P_2)} \tag{2-14}$$

式中　　K_t——储气罐内压缩空气的热力学温度与转轮室水的热力学温度的比值。

V——总充气容积（m^3）。

P_1——储气罐计算压力，可取额定压力（MPa）。

P_2——储气罐放气后的压力下限（Pa）。考虑到转轮旋转对进气的影响及管道阻力，取 $P_2 = P + (0.5 \sim 1.0) \times 10^5$，其中 P 是压水至下限水位时的充气压力。

η——压水过程空气有效利用系数。根据国内某些已运行电站的实测值，设计单位建议：对于混流式机组，水头大于 90 m 时，取 $\eta = 0.6 \sim 0.8$，水头小于 90 m 时，取 $\eta = 0.8 \sim 0.9$；对于转桨式机组，取 $\eta = 0.75 \sim 0.9$，当水头高、导叶漏水量大、转轮室内气压高时，η 取小值。

4. 空压机生产率的计算

空压机生产率应满足在一定时间内恢复储气罐压力，并同时补给已作调相运行机组的漏气量。对应于上述计算储气罐容积的各公式，空压机生产率的计算公式为

$$Q_k = K_\triangledown \left(\frac{K_t PV}{\eta T P_0} + q_1 Z \right) \tag{2-15}$$

式中　　$K_\triangledown$——考虑海拔对空压机生产率影响的修正系数，见表 2-2。

T——给气压水后使储气罐恢复压力的时间（min）。按机组依次投入调相运行的时间间隔，以及其他项目的压缩空气用户的供气要求而定，一般取 30 ～ 60 min，当承担调相任务的机组台数较多，且调相较频繁的电站时，T 取小值。

Z——需要同时补气的调相机组台数。

P，V，K_t，η 意义同前。

q_1——每台调相运行机组在压水以后的漏气量（m^3/min），可按如下的经验公式估算：

$$q_1 = \frac{0.023 D_1 \sqrt{P_a + \gamma H_0}}{\sqrt{10^5}} \tag{2-16}$$

其中　　H_0——下游水位与转轮室压下水位差（m）；

γ——水的重度（N/m^3），一般取 1×10^4 N/m^3；

D_1，P_a 意义同前。

表 2-2　海拔修正系数

海拔（m）	0	305	610	914	1219	1524	1829	2134	2438	2743	3048	3658	4572
修正系数 $K_\triangledown$	1.0	1.03	1.07	1.10	1.14	1.17	1.20	1.23	1.26	1.29	1.32	1.37	1.43

5. 调相给气流量的计算

调相压水所需的给气流量可参考水利水电科学研究院提供的公式进行计算，其计算公式为

$$q_{1b} = K_b D_2^2 V_2 \frac{P_r}{P_a}$$

$$q_{\min} = K_{\min} D_2^2 V_2 \frac{P_r}{P_a} \qquad (2-17)$$

式中　　q_{1b}，$q_{\min}$——压水最优起始给气流量和最小起始给气流量（m^3/min）；

　　　　P_a，P_r——大气压力和尾水管进口处压力（MPa）；

　　　　D_2——转轮出口直径（m）；

　　　　V_2——转轮外缘线速度（m/s）；

　　　　K_b，$K_{\min}$——无量纲系数，$K_b = 3.25 \times 10^{-5} n_s$，$K_{\min} = 1.2 \times 10^{-5} n_s$，其中 n_s 为水轮机综合曲线中最优单位转速下的最大出力点的比速。

6. 管道选择

调相压水给气管道中的气流是不稳定流，与储气罐的工作压力及下游尾水位有关，可按经验选取或按经验公式计算。

按经验选取：通常干管在 $\phi 80 \sim 200$ mm 之间选取，接入转轮室的支管在 $\phi 80 \sim 150$ mm 之间选取。所有管道均采用钢管。也可按如下的水利水电科学研究院经验公式计算：

$$d = 30\sqrt{\frac{V_g}{T}} \qquad (2-18)$$

式中　　T——充气过程经历时间，其快慢对充气效果影响很大。根据国内水电站的运行情况，一般取 0.5～2 min。

2.4.4　调相压水压缩空气系统

图 2-15 为国内典型的调相压水压缩空气系统，由两台空压机 1～2KY 及储气罐 1～2QG、管道系统和控制测量元件组成。空压机的工作压力为 8×10^5 Pa，正常运行时一台工作，一台备用，并定期切换；调相压水后，两台同时工作。

压缩空气装置是自动控制的，压力信号器 1～3YX 用来控制工作空压机和备用空压机的启动和停止，以及压力过高或过低时发出信号。温度信号器 1～2WX 用来监视空压机的排气温度，当温度过高时发出信号，并且作用于停机。电磁阀 1～2DCF 用来控制冷却给水，当空压机启动时打开，停机时关闭。电磁阀 3～4DCF 用于空压机无负荷启动，并使油水分离器自动排污，空压机停机时自动打开，启动时延时关闭。

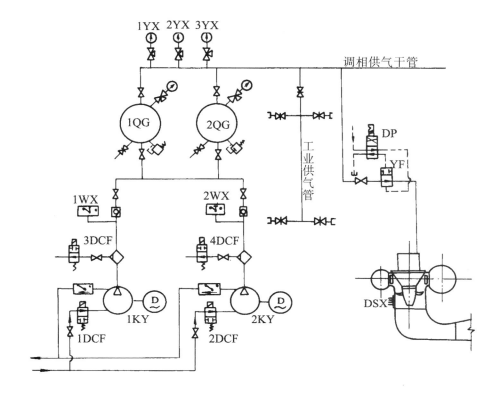

图 2—15　调相压水压缩空气系统

调相给气压水也是自动控制的。转轮室水位由电极式水位信号器 DSX 反映，并通过引出装置作用于电磁配压阀 DP，由后者控制液压阀 YF 的开启和关闭。

2.5　风动工具、空气围带和防冻吹冰用气

2.5.1　风动工具及其他工业用气

水电站机组及其他设备检修时，经常使用各种风动工具，如风铲、风钻、风砂轮等。例如水轮机转轮气蚀检修时，要使用风铲铲掉被气蚀破坏的海绵状的金属表面，然后用电焊补焊，焊补后还需用风砂轮磨光；金属钢管检修时要用风锤打掉钢管壁上的锈垢，用风砂枪清除管壁上的附着物（如某种苔、菌类等）。

此外，检修机组及金属结构时，常用压缩空气除尘、吹污；集水井检修或清理时，常用压缩空气将泥水搅混，然后用污水泵排除。在运行期间，也经常使用压缩空气来吹扫电气设备上的尘埃，吹扫水系统的过滤网和取水口拦污栅，以及供排水管道和量测管道等。

风动工具及其他工业用气的工作压力均为 $(5\sim7)\times10^5$ Pa。用气地点是主机室、安装场、水轮机室、机修间、水泵室和闸门室等。工业用气干管沿水电站厂房敷设，在空

气管网邻近上述地点处，应引出支管，支管末端并装有截止阀和软管接头，以便软管连接风动工具或引至用气地点。

为了加快机组检修进度，缩短工期，应尽可能采用多台风动工具同时工作。如新安江水电站检修转轮气蚀清铲时，四台风铲同时工作。一般按转轮室工作面的大小确定同时使用的风动工具的数量。

1. 空压机生产率的计算

空压机生产率主要根据风动工具用气量来确定。风动工具的用气是持续性的，因此必须由空压机的连续工作来满足。空压机生产率应满足同时工作的风动工具的耗气量，其计算公式为

$$Q_k = K_l \sum \frac{q_i Z_i P_0}{P_a} \qquad (2-19)$$

式中　　q_i——某种风动工具的耗气量（m³/min）；

　　　　Z_i——同时工作的风动工具台数；

　　　　K_l——漏气系数，根据管网具体情况选取，一般取 1.2~1.4。

对于机组容量较小、台数不多的水电站，只需设置一台小型移动式空压机（带有储气罐），即可满足风动工具和吹扫用气。

2. 储气罐容积的计算

风动工具和吹扫用气的储气罐的作用主要是缓和活塞式空压机由于往复运动而产生的压力波动，以使供气压力较稳定。当水电站有调相压水供气系统时，一般可以利用调相储气罐兼用。如专设储气罐，其容积可参考如下的经验公式估算：

$$V_g = \frac{10^5 Q_k}{P_k + 10^5} \qquad (2-20)$$

式中　　Q_k——空压机生产率（m³/min）；

　　　　P_k——额定工作压力（Pa）。

为了保证风动工具的正常工作，空压机一般应装设调节器和自动卸荷阀，当耗气量降低时，卸荷阀自动使空压机处于空载运行。如果储气罐容积较大，有一定的能量储备，则当风动工具耗气变化时，也可通过储气罐上的接点压力表控制空压机的停机和启动。

为了保证气源可靠，提高设备利用率，当水电站已设有调相压水和制动用气的厂内低压气系统时，检修、维护用气可与其共用一套设备，不必另设专门的空气压缩装置，但此时应考虑几个用户可能同时工作时所需最大耗气量来选择设备。

3. 管径的计算

管径通常按经验在 φ15~50 mm 范围内选取，也可按如下的公式计算：

$$d = 20 \sqrt{Q_d} \qquad (2-21)$$

式中　　Q_d——管中流量（m³/min）。

当电站设有调相压水供气系统时，检修、维护用气一般不设供气干管，而直接从调相干管中引出。

2.5.2　空气围带用气

水电站水轮机设备常用空气围带止水，最常见的有轴承检修密封围带和蝴蝶阀止水围带。

1. 轴承检修密封围带充气

水轮机导轴承检修时，近年来多采用空气围带止水。充气压力通常采用 7×10^5 Pa，耗气量很小，不需设置专用设备，一般从制动干管或其他供气干管引来。

2. 蝴蝶阀止水围带充气

蝴蝶阀空气围带充气的目的是防止漏水。空气围带的充气压力应比阀的作用水头高 $(1 \sim 3) \times 10^5$ Pa，耗气量很小，不需设置专用设备，可根据电站的具体情况，从主厂房内的各级压力系统直接引取，或经减压引取。

如果阀室离主厂房较远，为保证供气压力，可在阀室设置一个小气罐或一台小容量空压机。

2.5.3　防冻吹冰用气

1. 供气对象和供气要求

处于严寒地区的水电站、水泵站、拦河坝以及其他水工建筑物，在冰冻期间，为了防止冰压力对水工建筑物和闸门造成危害，影响闸门投入工作，堵塞进水口拦污栅等，通常采用压缩空气防冻吹冰。

在结冻之后，冰面以下的水温随水的深度而增高，为 0℃～4℃，取决于气候条件和水库深度。用压缩空气从一定深度喷出，形成一股强烈上升的温水流，此股温流即能溶化冰块，并防止结成新冰层。空气与温水的上升又使水面在一定范围内产生波动，也有利于防止水面结冰。

水电站防冻吹冰的用户通常有以下几种：

（1）机组进口闸门及拦污栅防冻吹冰。

（2）溢流坝闸门防冻吹冰。

（3）尾水闸门防冻吹冰。

（4）调压井防冻吹冰。

（5）水工建筑物防冻吹冰。

在上述用户中，坝后式和引水式水电站进水口一般均设在水面以下较深处，实际运行情况冬季一般是不结冻的。例如官厅水电站冬季机组运行时，距离进水口闸门处 40～50 m 范围为不冻区，故只在冬季不经常运行和进水口较浅的河床式水电站设置防冻吹冰系统。溢流坝闸门的防冻吹冰，一般只考虑冬季需要提门时才设置。冬季机组检修机会较多的电站，尾水闸门一般应考虑防冻吹冰系统。调压井在运行时由于水位波动，是不会结冰的，只有当较长时间不运行时才会结冰，应根据具体情况决定，如下马岭水电站设置的调压井防冻吹冰系统就从未使用过。水工建筑物的防冻吹冰主要是考虑冰压力可能对水工建筑物造成的危害，但我国寒冷地区的一些水电站都没有采取防冻吹冰措施。

水面防冻面积的大小与喷嘴形式、空气压力和流量，以及喷嘴在水中的深度有关。

喷嘴出口压力一般为 1.5×10^5 Pa 左右，当喷嘴在水下较深时宜采用较高的压力。但出口压力太高时，由于在喷嘴出口流速高、剧烈扩散，将引起喷嘴局部降温以致结冰封塞，因此不宜选用过高的压力。

吹气喷嘴一般设置在冬季运行水位以下 $5 \sim 10$ m 处，对于水库小、水温随水深变化少或当地气温低的水电站，宜采用较大值。当冬季水库水位变化很大时，应在不同高程上装设两排喷嘴，以满足不同水位的运行要求。

喷嘴之间的距离可选取 $2 \sim 3$ m，当地气温水温低或喷嘴装设较深的水电站宜取小值，间距小可使水面形成较强的波动，但耗气量大。如官厅水库输水隧洞进水塔、下马岭水电站大坝弧形闸门、大伙房水电站进水口闸门的吹冰喷嘴间距均为 3 m。

防冻用气系统对空气有干燥要求。因为供气干管常置于露天，为了防止压缩空气流经管道后受外界气温影响达到露点，致使喷嘴口或管内结冰堵塞，要求压缩空气必须采用热力干燥措施。一般通过减压阀使空压机和储气罐的压力降低到喷嘴所需要的压力。

2. 设备选择计算

1）耗气量的计算

防冻吹冰系统的压缩空气消耗量可按如下的公式计算：

$$Q_b = n_b q_b \qquad (2-22)$$

式中　　n_b——喷嘴数目；

q_b——每个喷嘴的耗气量（m^3/min），与喷嘴形式有关，一般取 $0.1 \sim 0.15$ m^3/min（自由空气）。

2）所需工作压力的确定

防冻吹冰系统所需工作压力（工作储气罐压力）应大于喷嘴外所受的水压力和管网以及喷嘴的压力损失，即

$$P_b > 10^4 h + \Delta P_{b1} + \Delta P \qquad (2-23)$$

式中　　h——喷嘴的装设深度（m），一般取 $5 \sim 10$ m；

ΔP_{b1}——喷嘴出口形成的压降（Pa），一般取 1.5×10^5 Pa；

ΔP——管网阻力损失（按管道阻力损失计算）（Pa）。

一般采用 $P_b = (2 \sim 3) \times 10^5$ Pa 是可以满足要求的。

3）空压机生产率的计算

防冻吹冰系统的空压机生产率按所需总用气量选择，其计算公式为

$$Q_k = \frac{K_l Q_b P_0}{P_a} \qquad (2-24)$$

式中　　Q_b——总用气量（m^3/min）；

K_l——管网漏损系数，一般取 $1.1 \sim 1.3$。

防冻吹冰一般为间断供气，空压机可以不考虑备用。但应不少于两台，以保证当一台发生故障时仍能部分供气。防冻吹冰系统的连续工作时间按当地当时气温等具体条件确定。

4）储气罐容积的计算

储气罐在本系统中主要是稳压作用，同时也起散热降温析水的作用。

按稳压作用来确定储气罐容积可由式（2-24）计算。

高压储气罐的压力应等于空压机的压力，即$(7\sim8)\times10^5$ Pa；工作压力储气罐的压力为$(3\sim3.5)\times10^5$ Pa，但要保证喷嘴处有1.5×10^5 Pa 左右的压力。

储气罐应注意经常排水，并注意排水管防冻。

5）管道和喷嘴选择

由空压机引出的供气干管，其管径可按压缩空气总流量计算，通常按经验选取，干管在$\phi80\sim150$ mm 范围内选取，支管可取 $\phi25$ mm，均选用镀锌钢管。

喷嘴形式对防冻吹冰效果有一定的影响，通常有法兰型、管塞型和特种型空气喷嘴。喷嘴材料一般为铜或不锈钢，以防生锈。

2.5.4　防冻吹冰压缩空气系统

防冻吹冰压缩空气系统一般均单独设置，如图 2-16 所示，由两台空压机（1KY 和 2KY）、一个高压储气罐（1QG）及一个工作压力储气罐（2QG）、管网及喷嘴集管、控制元件等组成。空压机 KY 排出的压缩空气经油水分离器、止回阀后进入高压储气罐 1QG，其温度将继续降低，并析出水分。高压储气罐的压缩空气经减压阀 1JYF 后其压力由 7×10^5 Pa 降至 3.5×10^5 Pa，进入工作压力储气罐 2QG。根据热力干燥原理，其相对湿度将由 100%降至 50%。最后经电磁阀 3DCF（或减压阀 2JYF）进入供气干管及各支管中。

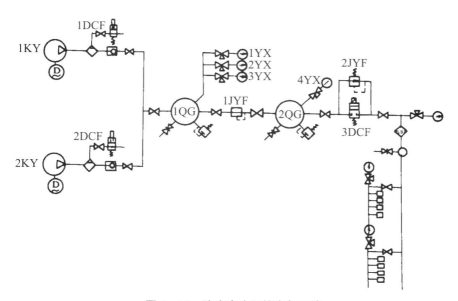

图 2-16　防冻吹冰压缩空气系统

为了避免供气管道因空气温度降低而析出水分，储气罐应设置在室外，以使其周围环境与供气管道所在地点的温度条件相同，并避免日晒。储气罐应经常排水，对于设在露天的储气罐，其排水管应加装电热防冻措施。

为了防止水进入喷嘴和管道而形成冰塞，当系统停止吹气时，管网中仍需保持 $(0.5\sim1.0)\times10^5$ Pa 的压力，使管道和喷嘴保证在充气状态。因此，在电磁阀 3DCF 处并联一减压阀 2JYF（或局部开启的旁通手阀），使在 3DCF 关闭停止全压供气时，仍可通过 2JYF 获得 $(0.5\sim1.0)\times10^5$ Pa 的压缩空气。

管道布置需有 0.5% 的坡度，并在端部设置集水器和放水阀。

空气压缩装置应自动化。空压机的启动和停机由压力信号器 1～2YX 控制；储气罐 1QG 和 2QG 的压力过高或过低时，由压力信号器 3～4YX 发出信号；电磁阀 1～2DCF 用来控制卸荷和排污，当空压机停机时打开，启动时延时关闭；电磁阀 3DCF 用来控制给气吹冰，由时间继电器控制。

当防冻吹冰用户距水电站厂房很近时，防冻吹冰压缩空气系统也可考虑厂内低压压缩空气系统联合，自厂内低压储气罐引出主供气管，经减压后直接向喷嘴供气，可以不另设工作压力储气罐，但设备容量应能满足冬季运行时厂内用户与防冻吹冰同时供气的需要。

2.6 油压装置供气

2.6.1 油压装置的供气目的和供气方式

1. 供气目的

油压装置的压油槽是一种反力式蓄压器，是水轮机调节系统和机组控制系统的能源，在改变导水机构开度和转轮桨叶开度时用来推动接力器的活塞。此外，油压装置也用来操作蝴蝶阀、球阀、调压阀以及技术供水管路和调相供气管道上的电磁液压阀。

压油槽中的容积有 30%～40% 是透平油，其余 60%～70% 为压缩空气。用空气和油共同造成压力，保证和维持调节系统所需要的工作压力。由于压缩空气具有良好的弹性，并储存了一定的压能，使压油槽中由于调节作用而造成容积减少时仍能维持一定的压力。

在水轮机调节过程中，压油槽中消耗的油由油泵自动补充。压缩空气的损耗很少，一部分溶解于油中，另一部分从不严密处漏失。所损耗的压缩空气可借助专用设备（如高压储气罐、油气泵、进气阀等）来补充，以维持一定比例的空气量。采用油气泵或进气阀可以简便地实现自动补气，但因效率低，所以只用于小型油压装置中，大型油压装置都采用储气罐补气。安装和检修后的充气由高压储气罐来进行。

压入压油槽的空气必须是清洁和干燥的，以避免压油槽中有湿气凝结，从而锈蚀配压阀和接力器。

2. 供气方式

向压油槽供气的方式有一级压力供气和二级压力供气两种。我国早期设计的水电站多采用一级压力供气，这种供气方式必须采取有效的冷却、排水措施，才能适当提高空气的干燥度。近年设计的水电站多采用二级压力供气，这种供气方式更有利于提高空气的干燥度。

1）一级压力供气

空压机的排气压力不需要专门减压而直接供气给压油槽，即空压机的额定排气压力 P_k 与压油槽额定油压 P_y 接近相等或稍大。

在这种供气方式中，受压缩而加热的空气经冷却后，温度将接近于周围的环境温度，过剩的水分将凝结于油水分离器及储气罐中。但压缩空气仍处于饱和状态，即相对湿度 $\varphi = 100\%$，当环境温度下降时，水分继续析出。因此，一级压力供气方式空气的干燥度较差。

在早期设计的电站中，有些电站不设置储气罐，由空压机直接向压油槽进行一级压力供气，这种供气方式在压油槽中将有大量水分析出，对调节系统的运行是不利的。

2）二级压力供气

空压机的排气压力高于压油槽的额定油压，一般取 $P_k = (1.5 \sim 2.0) P_y$，压缩空气自高压储气罐经减压后供给压油槽。

根据热力干燥原理，压油槽中空气的相对湿度的计算公式为

$$\varphi = \frac{P_y}{P_k} \times 100\% \qquad\qquad (2-25)$$

由式（2-25）可知，比值 P_y/P_k 越大，压油槽中空气的干燥度越高。显然这种供气方式对减少压油槽中空气的水分是有利的。

2.6.2　压油槽充气压缩空气系统

压油槽充气用的空压机一般应设置两台，一台工作，一台备用。在油压装置安装或检修后充气时，两台空压机可以同时工作。

为了使进入压油槽的空气清洁和干燥，压缩空气系统应设置空气过滤器、冷却器、油水分离器和储气罐等。

常运行的压油槽，其空气量的损耗取决于管路元件的安装质量，按一些电站的实际运行情况，一般补气间隔时间为 1~7 天。对于机组台数少的电站，补气方式可以采用手动操作，以简化系统设计。对于单机容量大、机组台数多的电站，当要求自动化程度较高时，可采用自动补气方式，由装设在压油槽的油位信号器通过中间继电器控制空气管路上的电磁空气阀向压油槽补气。

图 2-17 为二级压力供气的油压装置充气压缩空气系统。空压机有 1KY 和 2KY 两台，正常运行时其中一台备用。额定油压为 25×10^5 Pa，为了达到热力干燥的目的，空压机的额定压力为 40×10^5 Pa，经减压阀 JYF 降压后的空气相对湿度为

$$\varphi = \frac{25 \times 10^5}{40 \times 10^5} \times 100\% = 62.5\%$$

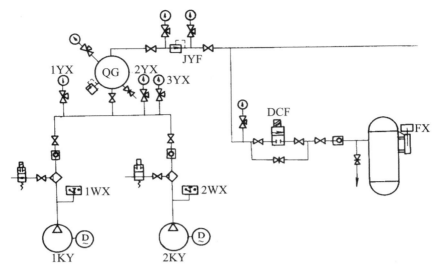

图 2-17　油压装置充气压缩空气系统

空压机的启动和停机由压力信号器 YX 自动控制。为了防止过热，在空压机排气管上装设温度信号器 WX。为了控制启动和自动排污，在油水分离器排污管上装设电磁排污阀。压油槽为自动补气，由浮子信号器 FX 和电磁空气阀 DCF 自动控制。

2.6.3　设备选择计算

1. 空压机生产率的计算

空压机生产率根据压油槽容积和充气时间按下式计算：

$$Q_k = \frac{(P_y - P_a)V_y K_v K_l}{60 T P_a} \qquad (2-26)$$

式中　　V_y，P_y——压油槽容积（m^3）和额定绝对压力（Pa）；

T——充气时间（h），一般取 2～4 h，大型空压机取上限；

K_v——压油槽中空气所占容积的比例系数，一般取 0.6～0.7；

K_l——漏气系数，一般取 1.2～1.4。

空压机台数一般选两台，充气时同时工作，故每台生产率为 $Q_k/2$。

空压机的压力应大于压油槽的额定压力，并根据供气方式而定，可参考表 2-2 选取。

2. 储气罐容积的计算

当采用储气罐时，其容积可按压油槽内油面上升 100～150 mm 时所需的补气量来确定，其计算公式为

$$V_g = \frac{P_y \cdot \Delta V_y}{P_1 - P_y} \qquad (2-27)$$

式中　　P_1——储气罐额定压力（Pa）；

ΔV_y——由于油面上升后需要补气的容积（m^3），可按下式计算：

$$\Delta V_y = 0.785 D^2 \Delta h \qquad (2-28)$$

其中　　　D——压油槽内径（m）；

　　　　　Δh——油面上升高度（m），一般取 0.15～0.25 m。

根据油压装置型号、供气方式和厂房布置条件，可参考表 2-3 选取储气罐的容积和数量。

表 2-3　各种型号油压装置（$P_y = 25 \times 10^5$ Pa）设备选择

油压装置 型号	压油槽空气 容积（m³）	空压机型号	空压机台数	充气时间 （h）	储气罐容积 （m³）
YZ-1	0.65	CZ-20/30	1～2	0.8	1～1.5
YZ-1.6	1.0	CZ-20/30	1～2	1.25	
YZ-2.5	1.6	CZ-20/30	2	1	
YZ-4	2.6	V-1/40	2	0.55	1.5～3.0
YZ-6	4.1	V-1/40	2	0.85	
YZ-8	5.2	V-1/40	2	1.08	
YZ-10	6.5	V-1/40	2	1.35	
YZ-12.5	8.0	V-1/40	2	1.65	
YZ-16	10.0	V-1/40	2	2.08	
YZ-20	13.0	V-1/40	2	2.7	

3. 管道选择

一般按经验选取。对于干管，根据压油槽容积来选，当 $V_y \leqslant 12.5$ m³ 时，选用 $\phi 32 \times 2.5$ mm 无缝钢管；当 $V_y \geqslant 16$ m³ 时，选用 $\phi 44.5 \times 2.5$ mm 无缝钢管。对于支管，管径取定于压油槽的接头尺寸。

2.7　热力干燥法

为了获得干燥的空气，压缩空气的干燥方法有热力法、物理法、降温法及化学法等。

物理法是利用某些多孔性干燥剂的吸附性能，吸收空气中的水分。在工作中干燥剂的化学性能不变，且经烘干还原后可重复使用。在石油部门仪表供气系统中，广泛采用硅胶吸附干燥法，运行良好。在水电站配电装置供气系统中，因用气量很大，干燥剂用量很多，烘干还原工作量大，故一般不采用物理法。

化学法是利用善于从空气中吸收水分生成化合物的某些物质作干燥剂，如氯化钙、氯化镁、苛性钠和苛性钾等。由于其装置和运行维护复杂，成本高，一般不采用。

降温法也是利用湿空气性质的一种物理干燥法。降温干燥法有多种，从简单、经济的原则出发，一般在空压机和高压储气罐之间设置水冷却器，又称为机后冷却器。对于已投入运行的电站，由于空压机额定压力偏低，无法保证压缩空气的干燥要求时，采用降温干燥法是一种有效的措施。

热力法是利用在等温条件下压缩空气膨胀后其相对湿度降低的原理，先将空气压缩到某一高压，然后经减压阀降低到电气设备所使用的工作压力的方法来实现，故热力干燥法又称为降压干燥法。由于此法简单、经济且运行维护方便，是目前国内外主要采用的一种方法。

用热力法干燥空气时，由下面两个过程组成：①先使空气压缩和冷却，将空气中大部分水蒸气凝结成水，并将冷凝水排除；②对压缩空气施行减压，利用压缩空气体积膨胀的方法降低其相对湿度。

第一干燥过程：被空压机吸入的空气经压缩后，温度上升（高达 100℃ 以上），因空气饱和含水量增大，其相对湿度可能下降；但压缩空气经中间冷却器和机后冷却器冷却后，温度骤降，空气饱和含水量减少，其相对湿度增大，当达到极限值（$\varphi=100\%$，即饱和状态）时，便开始析出水分。水蒸气的凝结不仅发生在中间冷却器和机后冷却器，而且还发生在高压储气罐内。因为压缩空气进入储气罐后，将继续冷却到接近周围大气的温度，所以水分继续析出。为了析出更多水分，最好将储气罐布置在温度较低的室外，并应避免阳光照射。

吸入 1 m^3 自由空气，凝聚在冷却器和储气罐里的水量可按下式计算：

$$G = \varphi_1 \gamma'_H - \frac{P_1 T_2}{P_2 T_1} \gamma''_H \qquad (2-29)$$

式中　　φ_1——吸入空气的相对湿度（%）；

T_1，T_2——吸入前和储气罐内空气的热力学温度（K）；

γ'_H，γ''_H——温度为 T_1、T_2 时饱和空气的绝对湿度（g/m^3）；

P_1，P_2——吸入前和储气罐内空气的绝对压力（Pa）。

例如，空压机吸入空气的相对湿度为 $\varphi_1=80\%$，温度为 25℃，储气罐的工作压力为 40×10^5 Pa（表压力），温度接近周围大气的温度，则空压机每吸入 1 m^3 自由空气时，在冷却器和储气罐中凝聚的水量为

$$G = 80\% \times 23 - \frac{1 \times 10^5}{41 \times 10^5} \times 23 = 17.8(g)$$

第二干燥过程：进入高压储气罐的压缩空气处于饱和状态，当油压装置的温度低于高压储气罐的温度时，压缩空气进入油压装置后将产生水汽凝结。为了降低油压装置中空气的相对湿度，可将高压储气罐里的压缩空气经减压阀降低到油压装置的工作压力 P_2。降压后绝对湿容量不变的气体由于体积随压力降低而反比例增大，因而其相对湿度相应地降低。

减压膨胀后油压装置中压缩空气的相对湿度由下式确定：

$$\varphi_c = \varphi_0 \frac{\gamma'_H P_2 T_1}{\gamma''_H P_1 T_2} \qquad (2-30)$$

式中　　φ_0——高压储气罐压缩空气的相对湿度（%），一般取 100%；

P_1——高压储气罐的额定工作压力（Pa）；

P_2——油压装置的额定工作压力（Pa）；

T_1，T_2——高压储气罐和油压装置中压缩空气的温度（K）；

γ'_H，γ''_H——温度为 T_1、T_2 时饱和空气的绝对湿度（g/m³）。

当高压空压机的额定工作压力及空气压缩装置选择正确，同时执行正确的运行制度时，热力干燥法可以保证油压装置供气必需的干燥度。

空气压缩装置工作压力的选择应考虑油压装置所采用的工作压力，空气压缩装置所在地区可能出现的最大日温差，以及油压装置所要求的压缩空气干燥度等。为保证在任何情况下压缩空气均无水分析出，应根据可能出现的最大温差和压缩空气干燥度的要求来确定高压空压机的工作压力。各种温度下压缩空气的饱和含水量（湿容量）见表2-4。

表 2-4 大气压力为 760 mmHg① 时空气中水蒸气含量

空气温度 （℃）	1 m³ 干燥空气质量 （kg）	饱和水蒸气压力 （mmHg）	不同相对湿度 φ 时水蒸气含量 （g/m³）						
			100%	90%	80%	70%	60%	50%	40%
−5	1.317	3.113	3.4	3.06	2.72	2.38	2.04	1.70	1.36
0	1.293	4.600	4.9	4.41	3.92	3.43	2.94	2.45	1.96
5	1.270	6.534	6.8	6.12	5.44	4.76	4.08	3.40	2.72
10	1.248	9.165	9.4	8.46	7.52	6.58	5.64	4.70	3.78
15	1.226	12.699	12.8	11.52	10.24	8.96	7.68	6.40	5.12
20	1.205	17.391	17.2	15.48	13.76	12.04	10.32	8.60	6.88
25	1.185	23.550	22.9	20.61	18.32	16.03	13.74	11.45	9.16
30	1.165	31.548	30.1	27.09	24.08	21.07	18.06	15.05	12.04
35	1.146	41.827	39.3	35.37	31.44	27.51	23.58	19.65	15.72
40	1.128	54.906	50.8	45.72	40.64	35.56	30.48	25.40	20.32
50	1.093	91.982	82.3	74.07	65.84	57.61	49.38	41.15	32.92
60	1.060	148.791	129.3	116.37	103.44	90.51	77.58	64.65	51.72
70	1.029	233.093	196.6	177.21	157.52	137.83	118.14	98.45	78.64
80	1.000	354.643	290.7	261.63	232.56	203.49	174.42	145.35	116.28
90	0.973	525.392	418.8	376.92	335.04	293.16	251.28	209.40	167.52
100	0.947	760.000	589.5	530.55	471.60	412.65	353.70	294.75	235.80

2.8 水电站压缩空气的综合系统

2.8.1 综合气系统设计原则

根据压缩空气各用户所需最高工作压力的不同，压缩空气系统大致可分为高压、中压和低压三个系统。高压系统的工作压力在 $100×10^5$ Pa 以上，低压系统的工作压力在

---

① 压强单位，760 mmHg=1 标准大气压=$1.013×10^5$ Pa，已废除。

$10×10^5$ Pa以下中压系统的工作压力介于两者之间。属于中压系统的有压油槽充气和配电装置用气（随着大量新型开关的应用，配电装置用气在水电站逐步减少），属于低压系统的有机组制动用气、调相压水用气、防冻吹冰用气、风动工具及其他工业用气。在前面章节中分别介绍了每个单一系统的任务、要求、系统组成和设备选择计算。但实际上，每个单一系统都是整个电站压缩空气系统有机联系的组成部分。不仅工作压力相同的用户要求组成综合压缩空气系统，而且工作压力不同的用户也可以组成综合系统。综合系统比单一系统有许多优越性：第一，在经济上较合理，可减小压力设备总容量，节省投资；第二，在技术上较可靠，可互为备用，提高气源可靠性；第三，设备布置集中，便于运行维护。因此，在设计水电站的压缩空气系统时，应首先考虑对各用户建立综合供气系统的合理性。

通常将机组制动用气、调相压水供气、风动工具及其他工业用气组成综合供气系统。因为这些用户的工作压力相同且都集中布置在厂房内，此系统称为厂内低压压缩空气系统。如果把供压油槽充气的高压气系统也连在一起，即组成水电站厂压缩空气系统，包括厂内低压气系统和厂内中压气系统。这样既可利用中压空压机经减压后作为低压系统的备用，也可取消低压空压机的备用机组。空气压缩装置一般布置在安装场下面或水轮机层有空闲的房间里，这样可以接近用户缩短气管长度，同时使空压机离运行人员工作的场所远一些，以免噪音影响运行值班人员的注意力。容量在50万千瓦以上的机组和机组台数在6以上的水电站，可考虑分组设置专用的空气压缩装置，这些设备分别布置在相应的机组段内。供防冻吹冰用气的压气系统通常单独设置，其设备布置在闸门室或坝顶专用的平房中。当用户离厂房较近（200 m以内）时，也可考虑与厂内低压压缩空气系统联合，但其设备容量应能满足冬季运行时厂内用户与防冻用户同时供气的需要。

1. 设计原则

设计综合系统时，压气设备的容量应按以下原则选择：

（1）每一类用户应设有各自的储气罐，其容积按单一系统的要求计算。但风动工具和空气围带用气一般不单独设置储气罐，可分别由调相储气罐和制动储气罐引取。

（2）供压油槽和空气断路器的空压机容量常按单一系统要求计算。

（3）供调相压水、机组制动、风动工具和防冻吹冰用气的低压系统，其空压机容量由正常运行用气和检修用气之和的最大同时用气量确定。

设计压缩空气系统时，要保证满足所有用户的供气要求，同时满足某些用户对压缩空气质量的要求。在检修压气装置的个别元件时，应不至于中断电站主要生产过程，同时不宜增大设备和管道的备用容量。空压机的台数及其生产率都应是保证所有用户供气需要的最小值。过多的储气罐、管道接头和配件会增加压缩空气漏损，从而增加空压机的容量或连续运行时间。

对于多机组的大型电站，制动储气罐最好为2个，每个罐的容积应为$V_g/2$，以便清扫。一般根据制动、调相、风动工具等所有低压用户的用气来综合考虑选择储气罐的个数和容积，必须注意其他用户用气后压力下降对制动的影响。往往在制动储气罐和其他用户储气罐之间加装止回阀，只允许其他用户储气罐中的压缩空气向制动储气罐中流动，以保证制动供气的可靠性。

根据运行经验，管道的修理机会是很少的，可不设备用。当需要进行管道计划性检修时，可对用户暂停供气。

2．技术安全要求

设计压缩空气系统时，应当遵守下列主要技术安全要求：

（1）由空压机直接供气的储气罐，其压力应与空压机额定压力相等。若储气罐需要在较小压力下工作，则应在储气罐与空压机之间装减压阀。

（2）若中压和低压管道之间有连接管道，则应在管道上安装减压阀，在减压阀后面装置安全阀和压力表。若需用低压空压机向高压干管输送空气，则在连接管上应装设止回阀。

（3）在每台空压机和储气罐上均装设接点压力表、安全阀等监视保护元件，在空压机上还应当装设温度信号器、油水分离器等元件。

3．自动化要求

如果空气压缩装置所服务的对象需要经常消耗定量空气，则空压机的运转必须自动化，如机组调相压水充气和防冻用气的空气压缩装置。

若空气压缩装置所服务的是不经常需要供应压缩空气的用户，则空压机可不必自动化，如压油槽充气和风动工具用气的压气装置。

必须自动化的空气压缩机上所装设的自动化元件，应当保证下列操作：

（1）储气罐的压力降到工作压力的下限值时，工作空压机应自动投入运转，压力达到上限值后，应自动断开。

（2）储气罐的压力下降到允许值时，备用空压机应自动投入运行，压力达到上限值后，应自动断开。

（3）用来排泄油水分离器水分和空压机卸荷用的电磁阀，应在空压机停机后或启动时自动操作。

（4）若装有电磁控制的泄放阀，则自动操作时应保持储气罐或配气管路中的压力为规定值。

（5）当储气罐或配气管中的压力超过规定的最高或最低压力值时，应发出警告信号。

（6）当空压机中间级压力超过正常压力、排气管中空气温度过高或冷却系统发生故障时，空压机应紧急自动停机。

从自动化角度来看，风冷式空压机由于不需要冷却水，可相应地简化自动控制系统，但其冷却效果较差，运行故障较多，同时自带风扇消耗功率较大。在设计时，可根据电站所在地的气温即空压机容量等具体情况，确定选择何种冷却方式的空压机。

2.8.2　综合气系统图

图2-18为某水电站轴流式机组综合气系统图。用户包括机组制动供气、调相压水供气、蝶阀围带充气、风动工具及吹扫用气以及油压装置充气。设有4台空压机，1KY和2KY为低压空压机，3KY和4KY为高压空压机。调相设有1个储气罐供气，风动

工具及吹扫用气直接从调相供气干管引气。为保证制动的可靠性，制动设有单独的储气罐，并从调相储气罐引气作为制动的备用气源。蝶阀围带充气量很小，直接从制动供气干管引气。蝶阀的操作由 YZ-4 油压装置供给油压，调速器的操作由 YZ-2.5 油压装置供给油压。

图 2-19 为某水电站综合气系统图。中压气系统向调速器和主阀油压装置供气，设有 2 台中压空压机，自动向中压储气罐供气。低压气系统供给机组制动用气、风动工具和吹扫用气，设有 2 台低压空压机，一台工作，一台备用，由压力信号器自动控制空压机的运行。为保证制动的可靠性，设有单独的制动储气罐，并从风动储气罐引气作为制动的备用气源。风动工具及吹扫用气设 1 个储气罐，供安装间及厂内各层用气。

图 2-20 为油压装置和调相压水用气综合气系统图。2 台中压空压机自动向 3 个储气罐供气。储气罐 1 和 2 向调相压水系统供中压气，可保证压水成功。储气罐 3 引入油压装置供气干管，再引入各机组压油槽。

图 2-21 为某小电站卧式机组压缩空气综合气系统图。设有 2 台低压空压机，一台工作，一台备用。为保证制动的可靠性，设有单独的制动储气罐。风动工具及吹扫用气设 1 个储气罐，供安装间及厂内各层用气。该电站无高压气系统，调速器和主阀油压装置为蓄能罐式，用高压氮气瓶保压。

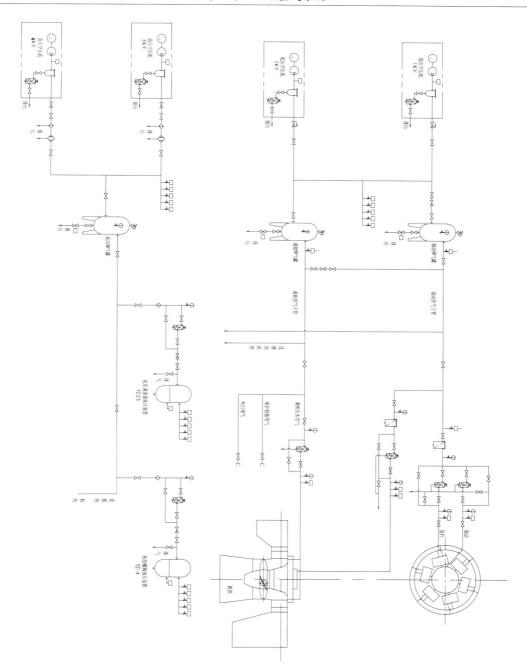

图 2-18　某水电站轴流式机组综合气系统图

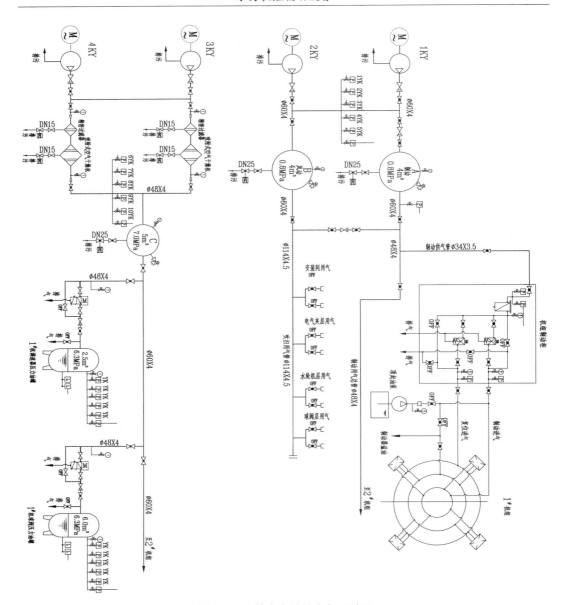

图 2—19 某水电站综合气系统图

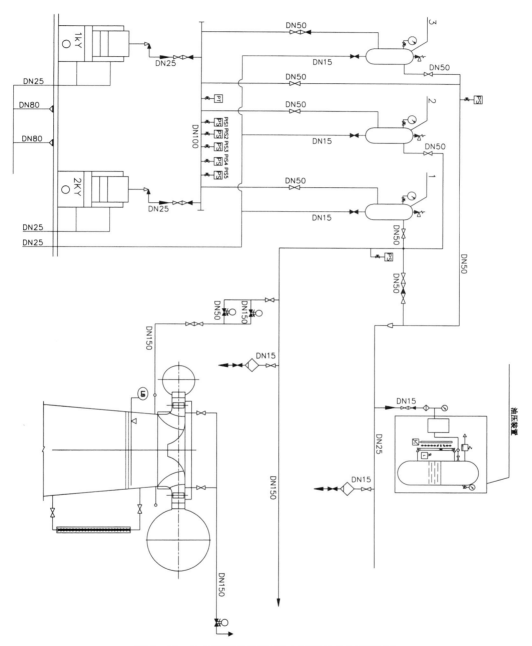

图 2—20　油压装置和调相压水用气综合气系统图

水力机组辅助设备

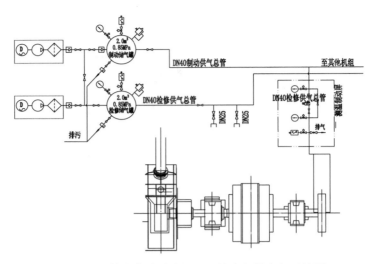

图 2—21 某小电站卧式机组压缩空气综合气系统图

· 68 ·

第 3 章　技术供水系统

3.1　概述

3.1.1　供水对象及作用

水电站的供水包括技术供水、消防供水和生活供水。

水电站的技术供水对象是各种机电运行设备，其中主要是水轮发电机组、水冷式变压器、水冷式空压机等。技术供水的主要作用是对运行设备进行冷却和润滑，有时水也用作操作能源（如射流泵、高水头电站的进水阀操作等）。本章主要讨论技术供水。

1. 发电机空气冷却器

发电机在运行过程中有电磁损耗和机械损耗。一般认为，在定子绕组损耗（约占30%）、涡流及高次谐波的附加损耗（约占10%）、铁损耗（约占16%）、励磁损耗（约占19%）、通风损耗（约占19%）、轴承摩擦机械损耗（约占6%）中，除定子绕组损耗和涡流及高次谐波的附加损耗两项损耗随负荷变化外，其余几项几乎为定值。这些损耗都会转化为热量。这些热量如不及时散发出去，不但会降低发电机的出力和效率，而且还会因局部过热破坏线圈的绝缘，影响使用寿命，甚至引起发电机事故。因此，运转中的发电机必须加以冷却。

水轮发电机大多采用空气作为冷却介质，即用流动的空气带走发电机产生的热量。采用空气流动的方式称为通风方式。除小功率的发电机采用开敞式或川流式通风外，一般大中型发电机均采用密闭式通风，就是将发电机空间加以封闭，其中包含着一定体积的空气，利用发电机转子上装置的风扇，强迫空气流动，冷空气通过转子线圈，再经过定子中的通风沟，吸收发电机线圈和铁芯等处的热量成为热空气。热空气通过设置在发电机四周的空气冷却器冷却后重新进入发电机内。

图 3-1 为竖轴机组和横轴机组内冷却空气的通流路径。

空气冷却器是一个热交换器，它由许多根换通水管组成。为了增加吸热效果，在黄铜管上装有许多铜片（或绕有许多铜丝）。冷却水由一端进入空气冷却器，吸收空气的热量变成温水，从另一端排出，如图 3-2 所示。

空气冷却器的冷却效果与发电机的功率及效率有很大的关系：当进风温度较低时，发电机的效率较高，发出功率较大；当进风温度升高时，发电机的效率就显著下降，见表 3-1。

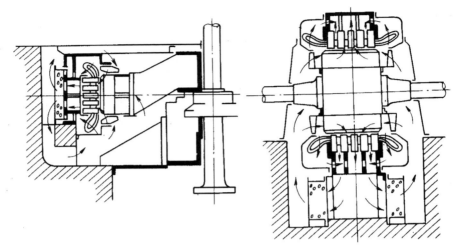

（a）竖轴机组内冷却空气的通流路径　　（b）横轴机组内冷却空气的通流路径

图 3—1　发电机内冷却空气的通流路径

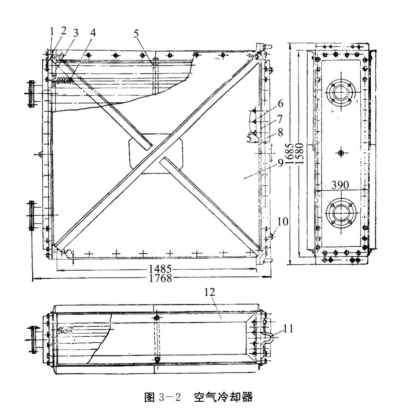

图 3—2　空气冷却器

1、8—下、上水箱盖；2、7—下、上橡皮垫；3、6—下、上承管板；4—冷却管；
5—管夹块；9—护板；10—螺旋塞；11—吊耳；12—支持壁

表 3-1　进风口空气温度对发电机出力的影响

进风口空气温度（℃）	15	20	30	35	40	45	50
发电机功率相对变化（%）	+10	+5～+7.5	+2.5～+5	0	−7.5～−5	−15.2	−25～−22.5

2. 发电机推力轴承及导轴承油冷却器

发电机在运行时的机械摩擦损失，以热能形式积聚在轴承中。轴承是浸在透平油（HU-22 或 HU-30）里的，热量由轴承传入油中。此部分热量如不及时排出，就会影响轴承的寿命及机组的安全运行，并且加速透平油的劣化。油槽内油的冷却方式有两种：一种是内部冷却，即将冷却器放在油槽内，冷却水管中通过水流，冷却润滑油，使轴承不致过热；另一种是外部冷却，即将润滑油利用油泵抽到外面浸于流动冷却水中的冷却器进行冷却。

3. 变压器的冷却

变压器的冷却方式有油浸自冷式、油浸风冷式、内部水冷式、外部水冷式等。内部水冷式变压器将冷却器装置在变压器的绝缘油箱内。外部水冷式即强迫油循环水冷式变压器油箱中的运行油，用油泵抽出，加压送入设置在变压器体外的油冷却器中进行冷却。外部水冷式能提高变压器的散热能力，使变压器的尺寸缩小，便于布置，但需设置一套水冷却系统。

4. 水冷式空气压缩机的冷却

空气被压缩时，温度可能升高到 200℃ 左右，因此需要对空气压缩机的气缸进行冷却，降低压缩空气温度，提高生产能力，并且避免润滑油达到碳化温度造成活塞内积碳和润滑油分解。空压机的冷却方式有水冷式和风冷式两种。水冷式是在气缸及气缸周围包以水套，其中通冷却水，以带走热量。

在两级压缩的空压机中，空气经一级压缩后，要用中间冷却器冷却，然后再进入第二级气缸进行第二级压缩。

5. 油压装置集油槽油冷却器

在油泵压油及油高速流动时存在摩擦，产生热量，使油温升高。某些水电站调节系统由于调速器或主配压阀漏油量大，漏油泵起动输油次数多，以致集油槽油温升高，油的黏度减小，漏油更多，造成很坏的后果。

为了保持油温不致过高，有些国家生产的油压装置在集油槽中装置一组由黄铜管制成的冷却水管将油冷却。其冷却水量与调速器形式和集油槽的容积有关，一般根据制造厂资料确定。在一般条件下，冷却水量为 10～15 m³/h。使用中，由于冷却水管的管壁结露容易使油质劣化，故我国生产的油压装置不采用这种冷却方式。

6. 水轮机导轴承的润滑和冷却

水轮机导轴承采用橡胶轴瓦时，为了对橡胶导轴承进行润滑和冷却，避免橡胶瓦块运行时摩擦发热而烧瓦，采用水直接润滑和冷却的方式。水轮机的水润滑橡胶导轴承结构如图 3-3 所示。图中橡胶导轴承的润滑水箱设在轴承上部，橡胶轴瓦内表面开有纵向槽，运行时一定压力的水从橡胶轴瓦与轴颈之间流过，形成润滑水膜并将轴承摩擦产生的热量带走。润滑水从摩擦表面底部流出后，经水轮机转轮上冠泄水孔排出。轴瓦背面的螺栓用来调整轴瓦和轴颈的间隙。

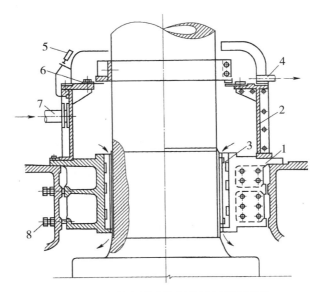

图 3—3　水轮机的水润滑橡胶导轴承结构
1—轴承体；2—润滑水箱；3—橡胶瓦；4—排水管；5—压力表；
6—橡胶平板密封；7—进水管；8—调整螺栓

　　水润滑橡胶导轴承简单、可靠，安装检修方便。橡胶轴瓦离转轮位置较一般稀油轴承近，并有一定的吸振作用，提高了运行稳定性，但轴瓦间隙易随温度变化，刚性不如油轴承，振摆变化较大。实践证明，在主轴轴颈上虽包焊有不锈钢，运行后轴瓦和轴颈仍都有不同程度的磨损和锈蚀，不如油轴承运行稳定，振摆小，同时对水质的要求较高，目前在中小型水轮机上很少采用。

　　稀油润滑筒式、分块式轴承运行温度一般控制在 40℃～50℃，最高运行温度不允许超过 70℃，一般都装有冷却装置。图 3—4（a）为筒式轴承即体外冷却方式，目前采用较多。这种结构通常由冷却器、挡油箱、溢流板和挡油管组成。冷却器多采用黄铜管；挡油箱、溢流板、挡油管的作用是保证热油都能经过冷却器后再经回油管返回转动油盘，以改善冷却效果。图 3—4（b）为分块式轴承即体内冷却方式。轴承体外壁上围焊有冷却水腔，它内部有足够多的隔板把水腔分成许多隔腔，隔箱间有上下交错的通水孔，这样增长了冷却水的流程，可改善冷却效果。体内冷却的水质要求清洁，避免水腔被泥砂淤积。水腔底部还应开排除污水的孔口，平时用丝堵封闭。体内冷却结构紧凑，效果明显；但轴承体的制造工序长，质量要求严格。水腔必须进行水压试验，不允许有渗漏现象。

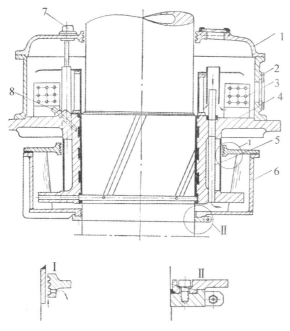

（a）筒式轴承

1—回油箱；2—油箱；3—冷却器；4—轴承体；5—回油管；

6—转动油盆；7—浮子信号器；8—温度信号器

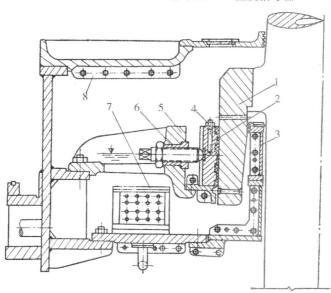

（b）分块式轴承

1—主轴轴颈；2—分块轴瓦；3—挡油箱；4—温度信号器；5—轴承体；

6—支顶螺丝；7—冷却器；8—轴承盖

图 3—4 水轮机的油润滑金属轴承

技术供水对象除了上述几种之外，还有水轮机主轴密封用水、深井水泵轴瓦润滑用水等。

3.1.2 技术供水对象的任务及组成

1. 技术供水系统的任务

供水系统所提供的技术用水，应当满足各种用水设备对水压、水量、水温和水质的技术要求，安全、可靠地供水，并符合经济性要求。

2. 技术供水系统的组成

技术供水系统由水源、水处理设备、管道系统、测量与控制元件，以及用水设备等组成。

（1）水源是技术供水系统获取水量的来源。

（2）水处理设备是当技术供水的水质不符合要求时对水质进行净化与处理的设备。

（3）管道系统是将从水源引来的水流分配到机组各个用水设备处的管网，由干管、支管和管件等组成。

（4）测量与控制元件是为了保证技术供水系统安全、可靠地运行而设置的。测量元件是对供水的压力、流量、温度和管道中水流的流动情况等进行量测和监视的设备；控制元件是根据运行要求对技术供水系统有关设备进行操作与控制的设备。

（5）用水设备即上述各技术供水对象。

3.2 用水设备对供水的要求

各种用水设备对供水的水量、水温、水压、水质均有一定的要求，现分述如下。

3.2.1 水量

用水设备对供水水量的要求，一般由制造厂经设计计算后提出。但在初步设计阶段，往往需要电站设计单位参考类似的电站和机组，用经验公式或曲线图表估算，求得近似数值，作为设计依据。在技术设计阶段，再按制造厂提供的资料作修改与校核。

根据我国已运行的大中型水电站机电设备用水情况分析，水量分配比例大致为：发电机空气冷却器占70%，推力轴承与导轴承油冷却器占18%，水轮机导轴承（水润滑）占5%，水冷式变压器占6%，其余用水设备占1%。因此，发电机的用水对电站技术供水设备的规模起着决定性的作用。

1. 发电机总用水量

发电机总用水量是指空气冷却器的用水量加上推力轴承和导轴承油冷却器的用水量。初步估算发电机总用水量时，可按图3-5查得。

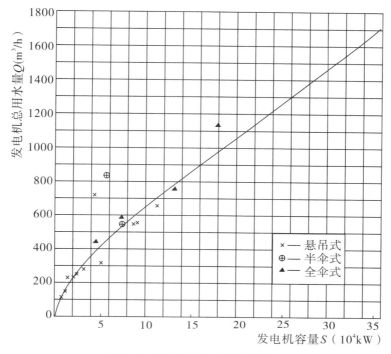

图 3-5　水轮发电机总用水量曲线

2. 空气冷却器用水量

发电机运行中铁芯与线圈的允许最高温度，与发电机采用的绝缘等级和形式有关。小型电机一般采用 A 级绝缘，允许最高温度为 105℃；大型电机采用 B 级绝缘，允许最高温度为 130℃。为了限制发电机内部温升，一般规定：经过空气冷却器后的空气温度不超过 35℃；空气吸收热量后的温度不高于 60℃；空气冷却器的进水和出水温度差要求为 2℃～4℃；进水温度不允许超过 30℃。制造厂在确定发电机冷却水量时，均是按照进水温度为 25℃、机组带最大负荷、发电机连续运转所产生的最大热量为依据的。

空气冷却器用水量可由下式计算：

$$Q_{空} = \frac{3600 \Delta N_{电磁}}{C \cdot \Delta t} \qquad (3-1)$$

式中　　C——水的比热容，一般取 4.187×10^3 J/（kg·℃）；

　　　　3600——功热当量，取 $860 \times 4.187 \times 10^3 = 3600 \times 10^3$，J/（kW·h）；

　　　　Δt——进出水温之差，一般取 2℃～4℃；

　　　　$\Delta N_{电磁}$——发电机的电磁损耗功率（kW）。

为了求发电机的电磁损耗功率，首先要求出发电机的总损耗功率。在发电机未设计之前，发电机的总耗损功率是不确定的，可以通过估计发电机的效率来推算，其估算公式为

$$\Delta N_{发} = \frac{N(1 - \eta)}{\eta} \qquad (3-2)$$

式中　　N——发电机的额定容量（kW）；

η——发电机的效率，大中型水轮发电机一般为 $0.96\sim0.98$。

而
$$\Delta N_{电磁} = \Delta N_发 - \Delta N_轴 \qquad (3-3)$$

式中 $N_轴$——轴承机械损耗（kW），包括推力轴承和导轴承两部分，其计算公式将在后文列出。

综上有

$$Q_空 = 8.5N \frac{1-\eta}{0.025} \times 10^{-3} \qquad (3-4)$$

按式（3-4）计算所得数值与制造厂所提供的数值相比较，单机容量在 10 万千瓦以下的机组基本接近。10 万千瓦以上的机组计算数值偏大，但作为估算还是可用的。

初步估算空气冷却器用水量时，按图 3-6 查得，或按发电机额定容量每千伏安耗水 6.5×10^{-3} m^3/h 粗略计算。

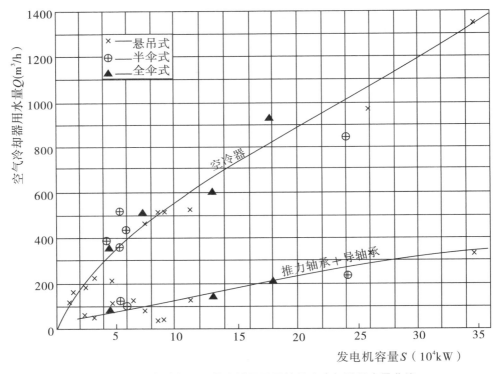

图 3-6　空气冷却器、推力轴承及导轴承油冷却器用水量曲线

如前所述，发电机的损耗中定子铜损和附加损耗随负荷大小而变，其余几种损耗为定值，所以当负荷减少时，空气冷却器的耗水量也部分减少。当发电机的损耗中定子铜损和附加损耗是一定常数时，空气冷却器用水量随发电机负荷变化的关系如图 3-7 所示。

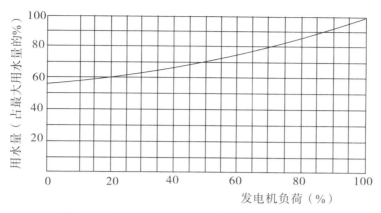

图 3-7　空气冷却器用水量和发电机负荷的关系

3. 推力轴承和导轴承油冷却器用水量

推力轴承和导轴承在发电机运转过程中，都要因摩擦发生热量。这些热量由润滑油经油冷却器传递给冷却水带走。

推力轴承所需要的冷却用水量可按轴承摩擦所损耗的功率进行计算，其计算公式为

$$\Delta N_{推} = P \cdot f \cdot v \times 10^{-3} \tag{3-5}$$

式中　P——推力轴承总荷重（N），由水轮机轴向水推力和机组转动部分重量所组成；

v——推力轴瓦的平均圆周速度（m/s）；

f——推力轴承镜板和推力瓦之间的摩擦系数，对于悬式发电机，可取 0.0011，对于伞式发电机，可取 0.0009。

由推力轴承损耗 $\Delta N_{推}$，求得所需空气冷却器用水量的计算公式为

$$Q_{空} = \frac{3600 \Delta N_{推}}{C \cdot \Delta t} \tag{3-6}$$

推力轴承的损耗随作用在水轮机上的水头变化而变化，故其油冷却器的用水量也随着变化。推力轴承油冷却器的用水量（以占最大用水量的百分率来表示）随水轮机水头而变化的关系如图 3-8 所示。

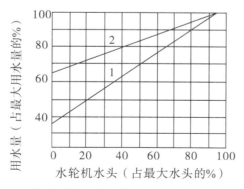

图 3-8　推力轴承油冷却器用水量与水轮机水头关系

1—转桨式水轮机；2—混流式水轮机

初步估算时，推力轴承和导轴承油冷却器用水量可按图3—6查得。

推力轴承油冷却器用水量与推力轴承所承受的荷重（t）和转数n（r/min）乘积成比例。在初步计算时，可按每吨·转/分为$7.5×10^{-4}$ m^3/h估算。

发电机导轴承油冷却器用水量占的比例不大，初步设计时可以按推力轴承油冷却器用水量的10%～20%来考虑。

4．水轮机导轴承用水量

稀油润滑的水轮机导轴承一般都装有冷却装置，其用水量很小，可按推力轴承用水量的10%～20%来考虑，不另行估算。

水轮机导轴承采用水润滑的橡胶轴承时，由于橡胶轴承不能导热，所以在工作过程中产生的全部热量都必须用水带走。水流不仅起润滑作用，而且起冷却作用。由于橡胶不能承受高于65℃～70℃的温度，在高温下会加速老化，所以对水轮机的水润滑橡胶导轴承的供水必须十分可靠，不允许发生任何中断。

水轮机橡胶导轴承的用水量初步估算时，可以查图3—9。

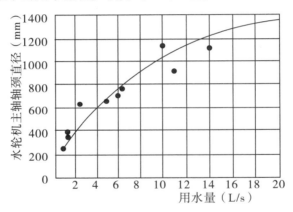

图3—9　橡胶导轴承用水量与主轴轴颈直径的关系

5．水冷式变压器冷却水量

变压器容量日益增大，水冷式变压器冷却效果好，因体积减小而便于布置，所以得到越来越广泛的采用。

初步设计时，水冷式变压器冷却水量可按变压器的容量每千伏安耗水0.001 m^3/h来考虑。

水冷式变压器冷却水量与变压器的损耗（包括空载损耗和短路损耗）有关。当变压器的容量和形式确定以后，可根据其额定负荷时的总损耗和冷却器产品系列的额定冷却容量，由下式计算出一台变压器的总用水量：

$$Q = \frac{N_B}{N} \times q \qquad (3-8)$$

式中　　N_B——变压器损耗（kW）；

N——冷却器的额定冷却容量（kW）；

q——每台冷却器的耗水量（m^3/h）。

专供变压器强迫油循环水冷却用的冷却器已成系列，冷却器的额定冷却容量和耗水量可参考厂家资料和有关设计手册。

6. 水冷式空压机冷却水量

水冷式低压空压机所需的冷却水量可按表 3－2 计算。也可概略地认为，低压空压机生产率每 1 m³/min 所需的冷却水量为 0.3 m³/h。

表 3－2　低压空压机生产率与冷却水量的关系

空压机生产率（m³/min）	1.5	3	6	10	14	20
用水量（m³/min）	0.5	1	2	3	4	5.2

国内已生产的水轮发电机各部分用水量见表 3－3。

表 3－3　国内已生产的水轮发电机各部分用水量

单机容量 H(kW)/S(kVA)	机组形式	推力轴承和导轴承用水量 $Q_推/Q_导$（m³/h）	空气冷却器用水量 $Q_空$（m³/h）	总用水量 Q（m³/h）	制造厂
300000/343000	悬式	250/60	1300	1610	哈厂
225000/258000	悬式	250/75	940	1265	哈厂
210000/240000	半伞	200/26	820	1046	东方
150000/176500	全伞	140/60	900	1100	东方
110000/129500	全伞	140/合在一起	595	735	东方
100000/111000	悬式	130	510	640	哈厂
75000/88200	悬式	40/6	500	546	哈厂
72500/85000	悬式	40/6	500	546	哈厂
65000/72300	悬式	80	450	530	哈厂
60000/70600	全伞	80	500	580	
50000/58700	半伞	100	420	520	东方
50000/62500	悬式	120	2016（单回路）	2136	哈厂
45000/53000	半伞	120	350		
45000/53000	半伞	120/25	510	810	哈厂
40000/44500	悬式	54/51	200	305	哈厂、东方、天发
36000/42400	全伞	80	350	430	哈厂
36000/41200	半伞	320	380	700	东方
25000/31200	悬式	45/5	220	270	东方
20000/23100	悬式	60	180	240	哈厂
15000/18700	悬式	10.5	222	232.5	哈厂
11000/13750	悬式	62.4	163	225.4	天发

续表3-3

单机容量 H(kW)/S(kVA)	机组形式	推力轴承和导轴承用水量 $Q_推/Q_导$（m³/h）	空气冷却器用水量 $Q_空$（m³/h）	总用水量 Q（m³/h）	制造厂
8000/10000	悬式	25	110	135	哈厂
7500/9400	悬式	22	200	222	哈厂
5000/6250	悬式	10.4	93	103.4	重庆

3.2.2 水温

供水水温是供水系统设计中一个重要条件。一般按照夏季经常出现的最高水温考虑。

经常出现的水温与很多因素有关，如取水的水源、取水深度、当地气温变化等。为了设计和制造的方便，根据我国的具体情况，制造厂一般按照进水水温为25℃作为设计依据。

根据我国各水电站水温实测资料及电站实际运行情况来看，大部分电站获得25℃的水温是可能的。但也有一部分南方地区夏季水温超过25℃达一个多月。水温超过25℃的地区，制造厂需专门设计特殊的冷却器。水温对冷却器的影响很大：由于进水温度增高，冷却器的有色金属消耗量增加；冷却器的尺寸增大造成布置上的困难。冷却器高度与进水水温的关系见表3-4。

表3-4　冷却器高度与进水温度的关系

进水温度（℃）	25	26	27	28
冷却器有效高度（mm）	1600	1800	2050	2400
相对高度（%）	100	113	128	150

由表3-4可见，冷却水温增高3℃，冷却器高度增加50%。同时，进水温度超过设计温度，也会使发电机无法发足出力。因此，正确地采用进水温度是很重要的问题。进水温度最高应不超过30℃。

对北方某些地区，水库水温常年达不到25℃，可根据图3-10进行折算，以减小供水量。

冷却水温过低也是不适宜的，会使冷却器黄铜管外凝结水珠。一般要求进水口水温不低于4℃，冷却器进、出口水的温差不能太大，一般要求保持2℃~4℃，避免沿管长方向因温度变化太大而造成裂缝。

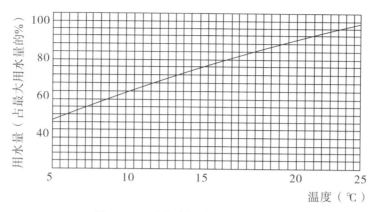

图 3-10　冷却水量的折减系数曲线

3.2.3　水压

1. 机组冷却器对水压的要求

进入冷却器的冷却水应当有一定的水压，以保证必要的流速和所需要的水量。冷却器本身的摩阻损失，即通过冷却器的压力降，可按下式计算：

$$\Delta h = n\left(\lambda \frac{l_0}{d} + \sum \xi\right)\frac{v^2}{2g} \tag{3-9}$$

式中　　n——水路回路数，对于空气冷却器，一般为 4 或 6 路，轴承油冷却器通常为 1 路；

λ——管道沿程阻力系数，对于铜管，一般按 0.031 考虑；

l_0——冷却水管的长度（m）；

$\sum \xi$——局部阻力系数，空气冷却器可取 1.3，油冷却器可取 3.5~4；

v——管内水流流速（m/s），一般取 1.0~1.5 m/s。

冷却器长期使用后，由于黄铜管内表面发生积垢和氧化作用，使冷却器水流特性变坏，传热系数下降，所以制造厂一般按计算值加上 1 倍或更多的安全系数。国内冷却器的压力一般降为 4~7.5 mH₂O。

冷却器进口处水压一般不超过 2×10^5 Pa。冷却器的试验压力在无厂家规定值时，可采用 3.5×10^5 Pa，试验时间为 1 h，要求无渗漏。水压的上限是从冷却器强度要求提出的，超过上述要求，则冷却器铜管强度不允许。当有特殊要求时，需与制造厂协商提高强度。进口处水压的下限，只要足以克服冷却器内部压降及排水管路的水头损失、保证通过必要的流量即可。

2. 水冷式变压器对水压的要求

在水冷式变压器中，如果发生水管破裂或者热交换器破裂，则会使油水掺和，造成很大的危险。因此，对水冷式变压器的冷却水水压必须严格控制。制造厂要求进口处水压不得超过 $(0.5~0.8)\times10^5$ Pa；对强迫油循环的外冷却装置，油压必须大于水压的 $(0.7~1.5)\times10^5$ Pa。这样就可以保证即使冷却水管破裂，也只允许油进入水，而水不能进入油中。当电站技术供水引到水冷式变压器前压力较高时，应采用减压措施，并设置安全阀,以确保安全。

3. 水冷式空压机对水压的要求

水冷式空压机的冷却水管强度较大,其进口水压可以较高,一般要求不超过 0.3 MPa。进口水压的下限由其水力损失大小决定,一般不低于 0.05 MPa。

3.2.4 水质

水电站的技术供水,不管是取自地面水还是地下水,或多或少总会有各种杂质,具有不同的物理化学性质。河流、湖泊及水库的地面水,一般由于流经地面的时间不长,溶解矿物质较少,所以水的硬度较小,但由于冲刷流动的结果,尤其是在洪水期间,往往夹带了大量的泥沙以及不能溶解的悬浮物、有机物及杂质。地下水则由于地层的渗漏过滤,通常不含悬浮物、有机物等,但当渗过不同的岩层时,溶解了各种无机盐类。如穿过碳酸盐的岩层(石灰石、白云石等)时,水中溶解有可溶的酸式碳酸盐〔如 $Ca(HCO_3)_2$,$Mg(HCO_3)_2$ 等〕,致使水具有硬度。地层里有其他矿物质,在不同温度和压力下也会溶于水中,故地下水含有较多的矿物质和较大的硬度。

1. 冷却水的水质要求

冷却水水质一般应当满足如下几方面要求:

(1)悬浮物(如杂草、碎木等无机物、有机物及生物体):悬浮物会堵塞管道,影响导热;有机物会腐蚀管道,滋生水草,促使生殖微生物,从而堵塞管道。要求水中不含悬浮物。

(2)含沙量:要求含沙粒径在 0.025 mm 以下,含沙量在 50 g/L 以下。对多泥沙的河流,要特别注意防止水草与泥沙的混合作用,堵塞管道。

(3)为避免形成水垢,冷却水应当是软水,暂时硬度不大于 $8°\sim12°$。

硬度由水中的钙盐和镁盐的含量而定,以°表示。硬度 $1°$ 相当于 1 L 水中含有10 mg 氧化钙或 7.14 mg 氧化镁,即 1 L 水中含钙盐或镁盐 357 μg 当量。硬度分暂时硬度、永久硬度和总硬度三种。总硬度为暂时硬度与永久硬度之和。暂时硬度即碳酸式硬度,水中若含有酸式碳酸钙 $Ca(HCO_3)_2$、酸式碳酸镁 $Mg(HCO_3)_2$ 等,它们在水中加热煮沸时即分解析出钙镁的碳酸盐沉淀,水中的硬度即行消失,故称为暂时硬度。水中含有钙、镁的硫酸盐或氯化物,经过沸点烧煮仍不会沉淀,即为永久硬度。

暂时硬度大的水在较高的温度下易形成水垢,水垢层会降低传热性能和水管的过水能力。永久硬度大的水,高温时析出物能腐蚀金属,形成的水垢富有胶性,坚硬难除并易引起阀门黏接。

水依硬度可以分为:

极软水	$0°\sim4°$	中等硬水	$8°\sim16°$
软水	$4°\sim8°$	硬水	$16°\sim30°$

(4)为防止腐蚀管道与用水设备,要求 pH 值反应为中性,不含游离酸,不含硫化氢等有害物质。

氢离子浓度以 10 为底的对数的负值称为 pH 值,即

$$pH = -\lg[H^+] = \lg\frac{1}{[H^+]}$$

pH=7，水为中性反应；pH>7，水为碱性反应；pH<7，水为酸性反应。大多数天然水的 pH 值为 7~8。pH 值过大或过小都会腐蚀金属，产生沉淀物堵塞管道。

（5）力求不含有机物、水生物及微生物。

（6）含铁量不应大于 0.1 mg/L。水中的铁以 $Fe(HCO_3)_2$ 的形式存在，短时间是透明的，与空气、日光接触后，逐渐被氧化成胶体状的氢氧化铁 $Fe(OH)_3 \cdot nH_2O$，有赤褐色的析出物，在管道系统和冷却器中生成沉淀，使传热效率和过水能力降低。

（7）不含油分。

总之，应以管道的腐蚀、结垢和堵塞等情况来检查水质。

2．轴承润滑水的水质要求

对水轮机导轴承润滑水的水质要求（水导轴承密封，推力轴承水冷瓦的水质要求均相同）：

（1）含沙量及悬浮物必须控制在 0.1 g/L 以下，泥沙粒径应小于 0.01 mm。

（2）润滑水中不允许含有油脂及其他对轴承和主轴有腐蚀性的杂质。

潮汐发电站对海水的腐蚀问题应予以特别注意。

3.3　水的净化

河水中含有多种杂质，特别是汛期河水浑浊，含沙量剧增。因此需要对河水进行净化和处理，以满足各用水部件的要求。

水的净化可分为两大类，即清除污物和清除泥沙。

3.3.1　清除污物

滤水器是清除水中悬浮物的常用设备。按滤网的形式不同，可分为固定式和转动式两种。

滤水器的网孔尺寸视悬浮物的大小而定，一般采用孔径为 2~6 mm 的钻孔钢板，外面包有防锈滤网，水流通过滤网孔的流速一般为 0.10~0.25 m/s。滤水器的尺寸取决于通过的流量。滤网孔的过流有效面积应至少等于进出水管面积的 2 倍，考虑到即使有 50% 面积受堵，仍能保证足够的水量通过。

固定式滤水器如图 3—11（a）所示。水由进水口进入，经过滤网，由出水口流出，污物被挡在滤网外边，可定期采用反冲法进行清扫：在滤水器进出口之间设一旁通管或并联另一滤水器，正常运行时，3、4 阀关闭，1、2 阀打开；反冲洗时，1 阀关闭，3、4 阀打开。压力水从滤网内部反冲出来，污物被冲入排污管。

转动式滤水器如图 3—11（b）所示。水从下部进入具有网孔的鼓筒内部，经滤网流出，然后从筒形外壳与鼓筒之间的环形流道进入出水管。滤网固定在转筒上，上与旋转手柄或杠杆相连，转筒用铁板隔成几格，当转筒上的某一格需清洗时，只需旋转转筒使该格对准排污管，打开排污阀，该格滤网上的污物便被反冲水流冲至排污管并排出。

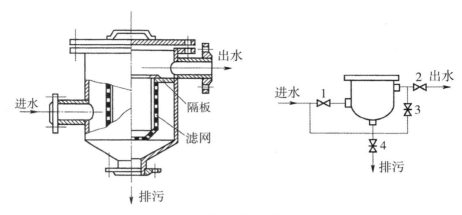

（a）固定式滤水器

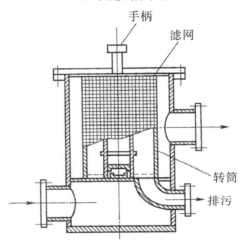

（b）转动式滤水器

图 3-11　滤水器

对于手动操作感到吃力的大型转动式滤水器，可加设减速机构及电动机，即采用电动转动式滤水器（如图 3-12 所示）。该滤水器主要由电动行星摆线针轮减速机、滤水器本体、电动排污阀、差压控制器及带 PLC 控制器的电气控制柜组成。该滤水器可自动过滤、自动冲污、自动排污，在清污、排污时不影响正常供水。电气控制采用 PLC 可编程控制器自动控制，也可手动操作，并设有滤网前后差压过高、排污阀过力矩故障报警器，可实现无人值班。正常过滤时，电动减速机不启动，排污阀关闭。当达到清污状态时，排污阀打开，减速机启动，带动滤水器内转动机构旋转，使每一格过滤网与转动机构下部排污口分别相连通，沉积于滤网内的悬浮物反冲后经排污管排出。

现有的几种滤水器对一般清除悬浮物是简易有效的，但对夹杂泥草的污物却很难冲洗，需研究特殊结构措施。

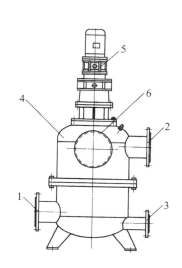

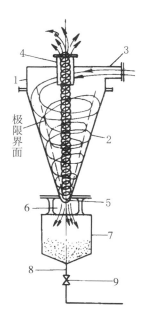

图 3-12 电动转动式滤水器

1—进水管；2—出水管；3—排污管；
4—滤水器；5—减速器；6—检修孔

图 3-13 圆锥形水力旋流器

1—圆筒；2—圆锥体；3—进水管；
4—清水管；5—出沙口；6—观测管；
7—储沙器；8—排沙管；9—控制阀门

3.3.2 清除泥沙

我国河流众多，有的常年浑浊不清，有的河流则每逢雨季水种泥沙激增，威胁着用水设备的安全运行。如黄河流域一带河流，汛期时河水的含沙量很大，每立方米河水的含沙量短时期可达数百千克，个别河流甚至可达一千千克以上。为了解决泥沙问题，常采取以下措施。

1. 水力旋流器

水力旋流器是利用水流离心力作用分离泥沙的一种装置。在电站技术供水系统中具有除沙和减压的功用。常用的圆锥形水力旋流器如图 3-13 所示。其工作原理：当液体由进水管 3 进入旋流器后，由于进水压力与清水出水压力之差，产生较大的圆周速度，使水在旋流器内高速旋转，同时在离心力的作用下，沙颗粒趋向器壁，并旋转向下，随液体经出沙口 5 到储沙器 7 内；清水则流到一定程度后产生二次涡流向上运动，徐徐进入清水管 4 内。这样连续不断地工作一段时间后，储沙器内沙量达到一定高度（由观测管 6 看出），此时打开控制阀门 9，在高压情况下，沉沙在很短时间内即可排出。

水力旋流器的主要优点：被分离的混合液体在器内停留时间短，效率高，结构简单，占地少，投资低，并易于制造和安装维护、连续操作和自动控制等。它对悬浊液的适宜性很强，除颗粒呈胶体状者外，大部分能适用，一般用来分离悬浊液中直径在 3～150 μm 的固体颗粒。有时也用来分离直径在 50～500 μm 的颗粒。其除沙下滤可在 90%

以上。但水头损失也较大，杂草不易分离。

2. 水力沉淀池

1）平流式沉淀池

如图 3—14（a）所示，平流式沉淀池是一个矩形水池，水由进口缓慢地流到出口，流速很小，水中的悬浮物和泥沙就在此时间内沉到池底，用以分离水中颗粒和比重较大的物体。平流式沉淀池的优点：可就地取材，施工较简单，处理效果稳定。缺点是占地面积较大，需设机械排沙装置；若采用人工排沙，则劳动强度大，常用两池互为备用交替停池排沙。

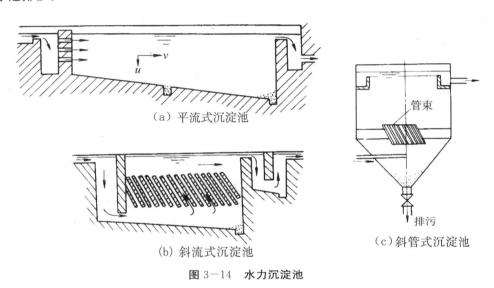

（a）平流式沉淀池

（b）斜流式沉淀池

（c）斜管式沉淀池

图 3—14　水力沉淀池

2）斜流式沉淀池

平流式沉淀池的沉淀效率与池子的平面面积成正比，如果将同一池子在高度上分成 N 个间隔，平面面积则增大 N 倍，理论上其沉淀效率可提高 N 倍，但排沙困难。若将水平板改为斜板，水平投影面积保持相同倍数，积沙可以自动落到池底，易于排沙，如图 3—14（b）所示。加装斜板后，加大了水池过水断面湿周，减小了水力半径，同样的水流流速 v 时，雷诺数 Re 大为减小，从而减小了水力紊动，促进沉淀，并使颗粒沉淀距离缩短，从而缩短沉淀时间。据国内外运行经验，平流式沉淀池中加装斜板可使效果提高 3~5 倍。斜管式沉淀池是在斜流式沉淀池的基础上发展起来的，从水力条件看，斜管的湿周比斜板长，水力半径更小，因而雷诺数更低（一般小于 50），沉淀效果也更为显著。

斜管断面一般采用蜂窝六角形，也可采用矩形或正方形，如图 3—14（c）所示。其内径或边长一般为 25~40 mm，斜管长度一般为 800~1000 mm，根据斜管材料通过计算而定。斜管或斜板的水平倾角常采用 60°，倾角过小会使自行排泥困难。

黄河干流上某水电站设计建造了一座蜂窝斜管式沉淀池，如图 3—15、图 3—16 所示。沉淀池的水源取自上游水库，取水口装有拦污栅，自不同高程取水。根据不同用水量开启一台或两台泵向沉淀池注水，水泵的开停由沉淀池中的液位信号控制。布水帽出口流速 5 cm/s。浑浊水经蜂窝斜管沉淀后，清水从表层通过集水孔眼流入八条辐射式集水槽，并汇集至环形集水槽，然后经 $\phi500$ mm 出水管送至用户。排泥斗锥角 60°，其底部设有 $\phi150$ mm 连续排泥管一根，当进出水管路上阀门打开时，该管上的排泥阀即打开，连续排泥。在排泥斗锥底以上 0.6 m 处还设有 $\phi250$ mm 不定期排泥管一根，根据连续排泥管及沉淀池进出水管上取样情况，开启或关闭该管上的排泥阀。为防止池底及排泥管堵塞，在池底 1.04~1.44 m 处内壁设置 $\phi50$ mm 的压力水（6×10^5 Pa）冲沙管、$\phi40$ mm 的压缩空气（7×10^5 Pa）冲沙管各一根。水池顶部引出 $\phi50$ mm 压力水管一根，供冲洗蜂窝斜管表面积泥用。

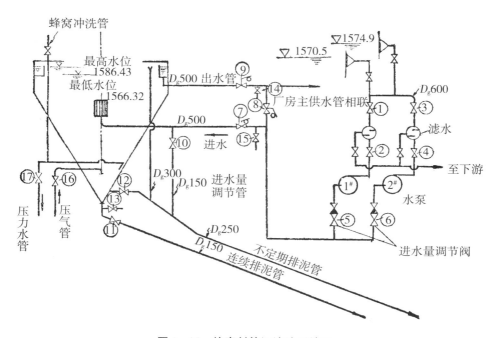

图 3—15　蜂窝斜管沉淀池系统图

运行情况表明，该池效果基本良好。水质经取样分析：进水含沙量 0.454 kg/m³，出水含沙量 0.14 kg/m³，出水泥沙颗粒大于 0.025 mm 的约为 3.7%。沉淀池建成后，未发生冷却器被堵塞或因轴承温升过高而造成的停机事故。拆除冷却器进行检查，仅有极少量的草和泥沙，证明斜管沉淀池用于水电站是可行的。

3.4　水源、供水方式及设备配置方式

3.4.1　水源

技术供水水源的选择非常重要，在技术上须考虑水电站的形式、布置与水头，满足用水设备所需的水量、水压、水温和水质的要求，力求取水可靠、水量充足、水温适当、水质符合要求，以保证机组安全运行，使整个供水系统设备操作维护简便；在经济

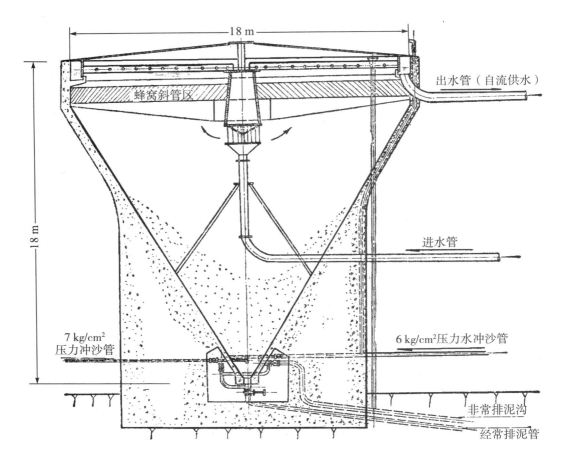

图 3—16 蜂窝斜管沉淀池结构图

上须考虑投资和运行费用最省。如果选择不当，不仅可能增加投资，还可能使电站在以后长期的运行和维护中增加困难。

技术供水系统除主水源外，还应有可靠的备用水源，防止因为供水中断而停机。对水轮机导轴承的润滑水和水冷推力瓦的冷却水，要求备用水能自动投入，因为供水稍有中断，轴瓦就有被烧毁的可能。

一般情况下，均采用水电站所在的河流（电站上游水库或下游尾水）作为供水系统的主水源和备用水源，只有在河水不能满足用水设备的要求时，才考虑其他水源（例如地下水源）作为主水源，或补充水源，或备用水源。

一般可作为技术供水水源的有以下几类。

1. 上游水库作水源

上游水库是一个丰富的水源。从水质方面看，水库调节容量越大，水深越深，除一般悬浮物落枝飘叶等需用进水口拦污栅和管路中滤水器加以清除外，平时泥沙不多，不致阻塞部件；从水温方面看，比自然径流或低坝浅库易于取得温度较低的底层水，从而提高冷却效果。

上游水库作水源时的取水位置有如下几种。

1）压力钢管或蜗壳取水

此种取水位置（见图 3-17）的优点：引水管道短，投资较节省，管道阀件可以集中布置，便于操作。钢管取水一般是从进水阀（如有的话）的前面取水。取水口的位置最好布置在钢管或蜗壳断面的两侧，一般在 45°方向上，避免布置在底部和顶部，因为布置在顶部易被悬浮物堵塞，布置在底部又容易积存泥沙。

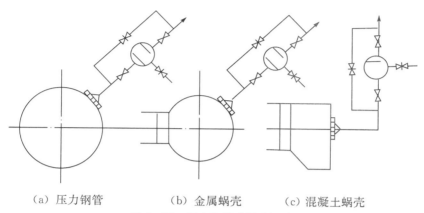

（a）压力钢管　　　（b）金属蜗壳　　　（c）混凝土蜗壳

图 3-17　压力钢管或蜗壳取水

2）坝前取水

直接从坝前取水（见图 3-18）的优点：取水口可以设置数个，装设在不同的高程上，随着上游水位的变化，可以选择合适的水温及水质（含沙量）；某个引水口遭到堵塞或损坏时，不到影响技术供水；在机组及引水系统检修情况下，供水仍不中断，可靠性较高；当河流水质较差时，便于布置水处理设备。其缺点是引水管道长，特别当电站进水口距厂房较远时此缺点尤为突出。因此，这种取水方式一般在河床式、坝内式和坝后式电站用得较多。由于此种取水方式水源可靠，常用它作为备用水源。

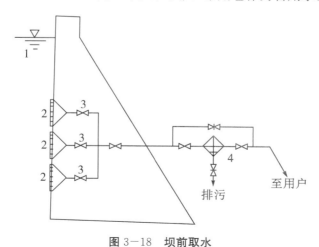

图 3-18　坝前取水

1—上游水库；2—取水口；3—取水口选择阀门；4—滤水器

为了防止水库悬浮物进入管道，以及便于取水口的选择使用，一般坝前取水口处均装投拦污栅和小型闸门。

3）水轮机顶盖取水

对于中高水头的混流式机组，可利用水轮机顶盖止漏环的漏水作为技术供水，适用于水头大于 60 m 的混流式水轮机。其优点：水源可靠，水量充足，供水便利，消除了水中枯枝、水草等污物；止漏环间隙对漏水起到良好的减压作用，水压稳定，并可在顶盖某一半径处获得所需的水压；操作简单，随机组启、闭而自动供、停水，随机组出力增减而自动增减供水量；不消耗水能或电能，供水设备简单，取消了水泵和滤水器，更便于布置。其缺点：当机组作调相压水运行时，需另有其他水源供水。顶盖取水的压力一般为 0.2~0.3 MPa，高于下游水位的压力，因此供水系统的水力损失不能太大。

顶盖取水是我国 20 世纪 70 年代末提出的新的供水方式，在一些水电站机组上改造试用成功后逐渐推广。目前，我国许多水电站包括一些大型水电站也采用了这种供水方式。

2. 下游尾水作水源

如果上游水库形成的水头过高或过低，常用下游尾水作水源，通过水泵将水送至各用水部件。

自下游尾水取水时，要注意取水口不要设置在机组冷却水排出口附近，以免水温过高，影响机组冷却效果。同时应注意机组尾水冲起的泥沙及引起的水压脉动，以及下游水位因机组负荷变化而升降等情况给水泵运行带来的影响。

从尾水取水作为主水源或备用水源时，要考虑在电站安装或检修时，首次投入运行时供机组启动的用水。

地下厂房尾水管的水电站，从下游尾水取水时，取水口一般设在尾水管内或尾水管出口附近。由于水轮机补气使水中含有气泡，这些气泡带入冷却器中将影响冷却效果，所以必须设置除气设施。

3. 地下水源

为了取得经济、可靠和较高质量的清洁水，以满足技术供水，特别是水轮机导轴承润滑用水的要求，电站附近有地下水源时，可考虑加以利用。地下水源一般比较清洁，水质较好，某些地下水源还具有较高的水压力，有时可能获得经济实用的水源。

为了获得这些水源，在电站勘测初期即需要提出任务，要求勘测部门详细了解地区地下水分布、地下水流量、水质、水量、水温、静水位及动水位等数据及变化情况。若地下水压不足，可通过水泵抽水增压，供给技术用水的需要。

总之，水源的选择是决定供水系统是否经济合理、安全可靠的关键。在选择水源时必须全面考虑，根据电站的具体条件进行详细的分析论证，从各种可能的方案中选择技术先进、运行方便、可靠、经济合理的方案。

3.4.2 供水方式

水电站技术供水方式因电站水头范围的不同而不同，常用的供水方式有以下几种。

1. 自流供水

自流供水系统的水压是由水电站的自然水头来保证的。当水电站水头在 15~80 m

范围内，水温、水质符合要求时，一般都采用从上游取水的自流供水方式；水头小于 15 m 时，采用自流供水将不能保证一定的水压；水头大于 80 m 时，采用自流供水一方面浪费了水能，另一方面使减压实现起来较为困难。

由于自流供水方式设备简单，供水可靠，投资少，运行操作方便，易于维修，所以是设计、安装、运行都乐于选用的供水方式。当水电站水头平均在 20～40 m 范围内，水温、水质符合要求时，一般皆用此种供水方式。

为了保证各冷却器进口的水压符合制造厂的要求，当水电站水头高于 40 m 采用自流供水时，一般要装设可靠的减压装置，对多余的水压力加以削减，这称为自流减压供水。常用的减压装置有自动减压阀、固定减压装置、手动闸阀减压等形式。自流减压供水系统见图 3—19。水电站水头越高，为符合冷却器进口水压要求所需要削减掉的水压就越大，也就是能量的浪费越大。此时必须与采用水泵供水方案所增加的电能消耗及设备费用进行技术经济比较，以确定采用哪一种供水方式较为合理。当电站库容小、溢流概率大时，即使水头较高，也可考虑采用自流减压供水方式。水电站自流减压供水的水头范围为 70～120 m，国内已运行采用自流减压供水方式的电站中，有的水头高达 130 m。

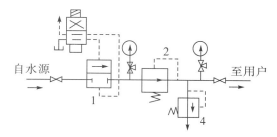

（a）采用自动减压阀减压

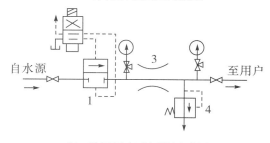

（b）采用固定减压装置减压

图 3—19　自流减压供水系统
1—供水阀；2—自动减压阀；3—固定减压装置；4—安全阀

有些水电站采用自流虹吸的供水方式，它利用水电站的自然水头供水，但因为冷却器的位置高于电站的上游水位，开始供水时要用真空泵抽去管路系统内的空气。形成虹吸后，便有足够的水流通过，这是上述自流供水的一种特例。但必须注意水温和汽化问题，虹吸负压应有一定限制。

2. 水泵供水

当水电站水头高于 80 m 时，用自流供水方式已不经济，而当水头小于 12 m 时，技术上不可能用自流供水方式，此时通常采用水泵供水方式。对于低水头电站，取水口可设置在上游水库或下游尾水，视具体情况而定；对于高水头电站，一般均采用水泵从下游取水（见图3-20）。

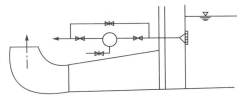

图 3-20　水泵供水

采用地下水源时，若水压不足，也可用水泵供水。

水泵供水系统由水泵来保证所需水压、水量。水质不良时，布置水处理设备也较容易。其主要缺点是供水的可靠性差，当水泵动力中断时要停水，同时设备投资和运行费用一般较大。

某些采用水泵供水的电站，为了节省投资，提高设备利用率，技术供水和检修排水合用一组水泵，即采用供排水结合的系统。

3. 混合供水

水电站最高水头大于15 m而最低水头又不能满足自流供水的水压要求，或水电站最低水头小于80 m而最高水头采用减压装置又不经济时，不宜采用单一供水方式。一般设置混合供水系统，即自流供水和水泵供水的混合系统。当水头比较高时采用自流供水，水头不足时采用水泵供水，经过技术经济比较确定操作分界水头。因为水泵使用时间不多，可不设置备用水泵，主管道只设一条，这样可以在不降低安全可靠的条件下，减少设备投资，简化系统。

也有一些混合供水的水电站，根据用水设备的位置及水压、水量要求的不同，采用一部分设备用水泵供水，另一部分设备用自流供水的方式。

4. 射流泵供水

当水电站水头为100~170 m时，宜采用射流泵供水。由上游水库取水作为高压工作液流，在射流泵内形成射流，抽吸下游尾水，两股液流相互混合，形成一股压力居中的混合液流，作为机组的技术供水（见图3-21）。上游压力水经射流泵后，水压减小，不需再进行减压；原减压所消耗的能量被利用来抽吸下游尾水，增大了水量，供水量是上、下游取水量之和。射流泵供水是一种兼有自流供水和水泵供水特点的供水方式，它运行可靠，维护简单，设备和运行费用较低，已经得到

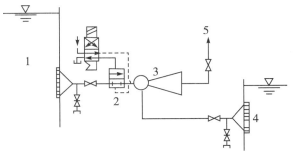

图 3-21　射流泵供水

1—上游水库；2—供水总阀；3—射流泵

4—下游尾水；5—至供水用户

设计和使用部门的重视。一些新设计的水头适宜的水电站，正在研究采用射流泵供水的可行性，并进行各种试验研究，以确定射流泵的最优参数和结构尺寸。

5. 其他供水方式

由于水电站所在地区不同，具体条件不同，因而经济指标也不一样。对各种供水方式的水头范围的规定是按一般情况比较出来的。水电站设计中对供水方式的选用，应分析水电站的具体情况，并进行技术经济比较后确定。

除以上常用的几种供水方式外，一些水电站根据本身的具体条件，采用一些其他的供水方式。例如，高水头水电站装设厂用水轮机，利用该机组的尾水，通过自流方式供给主机组技术用水；有的水电站利用附近溪沟水自流供水；有的多泥沙河流上水质很差的水电站的技术供水，由于经处理得到的清洁水来之不易，往往采用冷却水循环供水方式。供水系统由循环水泵、循环水池和设在尾水中的冷却器组成，机组技术供水经尾水冷却器降低水温后循环使用。采用循环供水方式的水电站，循环供水可作为工作水源或备用水源。清水期机组供水从坝前或蜗壳取水时，可利用该时段对供水系统的水进行更换，对水质较好的水源，可不进行处理，直接引用水库蓄水或自来水。国外一些发达国家在中、小型水电站技术供水系统中采用循环供水较早。近年来，这种供水方式在我国也逐步得到重视和应用，目前我国南方许多水电站技术供水系统已采用循环供水方式，特别是黄河等多泥沙河流上新设计的水电站，技术供水基本上都采用了循环冷却供水，机组容量最大为 60 MW。水电站供水系统采用循环冷却方式是解决机组对冷却水质要求的一种较好的方法，适用于多泥沙或多污物等水质的水电站。冷却系统循环供水方式取代了价格贵、占地多的沉砂池等水处理设备，设备简单，提高了供水的可靠性，还可减少机组技术供水设备的检修、维护工作量，具有较好的经济效益。

3.4.3　设备配置方式

供水系统的设备配置方式根据机组的单机容量和电站的装机台数确定，一般有以下几种类型。

1. 集中供水

全电站所有机组的用水设备，都由一个或几个公共取水设备取水，通过全电站公共的供水干管供给各机组用水，适用于中小型水电站。

2. 单元供水

全电站没有公共的供水干管，每台机组各自设置独立的取、供水设备。这种设备配置方式适用于大型机组，或水电站只装机一台的情况。特别对于水泵供水的大中型水电站，每台机组各自设一台（套）工作水泵，虽然水泵台数可能多些，但运行灵活，可靠性高，容易实现自动化，有其突出的优点。

3. 分组供水

机组台数较多时，将机组分成若干组，每组设置一套取、供水设备。其优点在于供水设备可以减少，而仍具有单元供水的主要优点。例如，两台机组作为一组，采用三台水泵，其中两台工作，一台备用，与一机二泵的单元供水系统相比，每一组可节省一台水泵。

为避免供水管路过长和供水管径过大给布置和运行维护造成不便，采用集中供水方案或分组供水方案时，机组台数不宜过多。

3.5　技术供水系统

3.5.1　技术供水系统设计原则和基本要求

1．设计原则

（1）供水可靠。供水系统应保证各用水设备对水量、水压、水温和水质的要求，在机组运行期间，不能中断供水。

（2）便于安装、维护和操作。技术供水系统管网组成应简单、明确，设备与管件连接布置合理，方便运行、维护和检修。管道及操作控制元件的布置要力求各机组一致，防止发生误操作，并与电气设备的布置相配合，避免相互干扰。

（3）满足水电站自动化操作要求。应具有适应电站水平的自动化装置，按电站自动化程度配置相应的自动化元件和监测仪表，根据机组的运行要求，实现对供水系统的自动操作、控制与监视。

（4）节省投资与运行费用。应满足电站建设和运行的经济性要求，使设备投资和运行维护费用最少。

2．设计基本要求

（1）供水系统应有可靠的备用水源，取水水源至少应有两路。从上游取水时，通常自本机蜗壳或压力管道引水作主供水，从坝前引水作备用水；对坝前取水的自流集中供水方式，可从压力钢管取水作为备用；对自流单元供水系统，可设联络总管，将几台机组的主供水管连接起来互为备用。当主供水故障时，备用水能及时投入。如采用水泵供水又无其他备用水源时，应有并联且能自动启闭的备用水泵。

（2）取水口应设拦污栅（网），并设有压缩空气吹污管接头或其他清污设施。

（3）贯穿全厂的供水总管应有分段检修措施，可为单管、双管及环管。双管和环管较单管供水可靠性高，但管路复杂、多占场地。管道形式根据机组台数的多少及电站在电力系统中的重要程度确定。对水流含沙量较大、有防止水生物要求、存在少量漂浮物不易滤除时，为使泥沙或水生物不易积存在管路和用水设备中，冷却器管路宜设计成正、反向运行方式。管路上选用的示流信号器（示流器）也应为双向工作式。

（4）每台机组的主供水管上应装能自动操作的工作闸门，并应装设手动旁路切换检修阀门。装有自动减压阀、顶盖取水或射流泵的供水系统，在减压阀、顶盖取水或射流泵后应装设安全阀或其他排至下游的安全泄水设施，以保证用水设备的安全。同时在减压阀、射流泵前后装设监视用的接点压力表或压力信号器。

（5）对多泥沙河流电站，可考虑水力旋流器、沉淀池、坝前斜管取水口等除沙方案，经技术经济分析后选取。

（6）机组总供水管路上应设置滤水器，滤水器装设冲污排水管路。对于大容量机组、多泥沙水电厂，滤水器的冲污水应排至下游；中型水电厂往下游排污有困难、滤水器排污水量不大时，可排至集水井。

（7）机组各冷却器的进出水管口附近均应设有阀门及压力表，当出水管有可能出现负压时，设压力真空表，以便调节水压和分配水量。各机组进水总管上设温度表，各冷却器出口处设温度表或表座。

（8）各轴承油冷却器的排水管上应设示流信号器。为了便于测定各用水设备所通过的冷却水量，在有关管路合适的管段上应装设流量计或留有装设流量计的位置。

（9）采用水泵供水方式时，宜优先采用单元供水系统，每单元可设置 1~2 台工作水泵，一台备用水泵；当采用水泵集中供水系统时，工作水泵的配置数量，对于大型水电厂宜为机组台数的倍数（包括 1 倍），对于中型水电厂宜不少于 2 台。备用水泵台数可为工作水泵台数的 1/3~1/2，但不少于一台。水泵应能自动启闭。水泵出水管应装有逆止阀和闸阀，水泵吸水管侧和出水管侧应分别装有真空表和压力表。

（10）水轮机导轴承润滑水、主轴密封润滑以及推力轴承水冷瓦的冷却水应有可靠的备用水源。进水管路应装有示流信号器和压力表。备用水应能自动投入。

（11）水冷式空压机进水管上的给水阀门宜自动启闭，阀后设压力表，排水管上设示流信号器。

（12）水冷式变压器的进口水压有严格限制，因此必须有可靠的减压和安全措施。当电站尾水位较高、妨碍变压器冷却水的正常排水时，应另考虑排水出路。进水口应有自动启闭的阀门和监视水压的电接点压力表，排水管上应设置示流信号器。

3.5.2 技术供水系统图

由于各水电站的具体条件、特点、机组形式和供水要求不同，所以产生了适用于各个具体情况的各式各样的技术供水系统图。技术供水系统的优劣，应根据运行安全可靠、操作维护方便、经济、自动化接线简单可靠等条件来衡量。

图 3-22 为自流供水系统图（图中未示供水用户部分）。该系统在每台机的蜗壳或压力钢管上取水，并且全厂连接成一供水干管 6，蜗壳或压力钢管取水口 1 按 1.5~2 台机组的用水量设计，可作为它机的备用。取水口后装有止回阀 4，以免输水系统故障时冷却水倒流。每台机组均装有供水总阀，以实现开机前自动投入供水、停机后自动切断供水的操作。其他阀门的开度都调节好，开停机时一般不再进行操作。供水总阀常采用电磁液压阀或电动闸阀形式。此外，全厂设 2~3 个坝前取水口 5，作为技术供水的备用水源，并供给生活用水和消火用水。在洪水季节取表层水，水中含沙量较小；夏季水温较高时取深层水，提高冷却效果。此种系统具有布置简单、运行可靠的优点。对于大型水电站，当水头适合、水质条件好时，一般都采用这种系统。

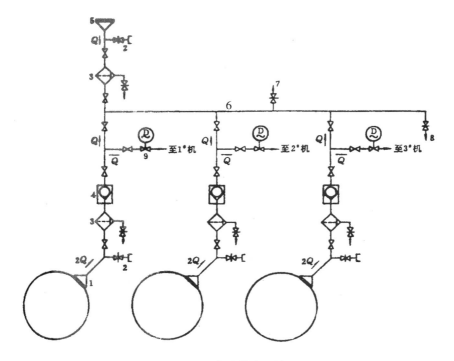

图 3-22 自流供水系统图

1—蜗壳或压力钢管取水口；2—压缩空气吹扫接头；3—滤水器；4—止回阀；
5—坝前取水口；6—供水干管；7—放气阀；8—排水管；9—机组供水总阀

图 3-23 为水泵单元供水系统图，用于大型机组。每台机组各有一套独立的供水系统。两台水泵，一台工作，一台备用（或三台水泵，两台工作，一台备用）。工作水泵随机组的启闭而启闭。设有两个取水口，供水有两套管路互为备用，比较可靠。此种系统的优点在于管路系统简单可靠，水泵自动化接线简单，管理方便。但水泵台数较多，投资较大。

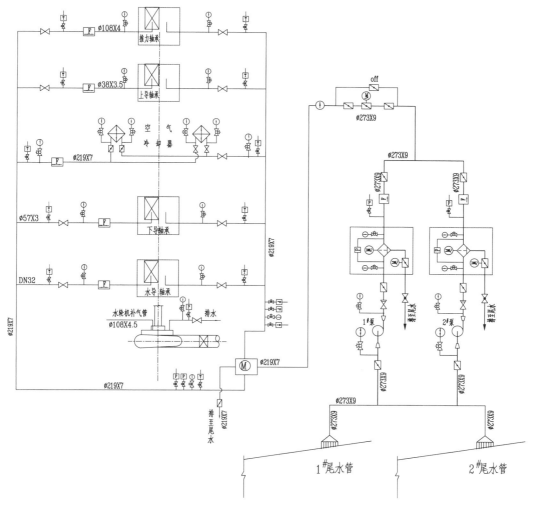

图 3-23 水泵单元供水系统图

图 3-24 为某电站采用的自流减压单元供水系统图。1 号机水源取自压力钢管（进水阀后），2 号机设有两个取水口，进水阀前后各设一个。技术用水经滤水器和减压阀后供机组冷却、润滑用水。两台机互为备用水源，机组之间设有联络管道及阀门。该图将机组各轴承及发电机空冷器按其相对位置上下排列，立体感鲜明，多用于表示中小型机组。

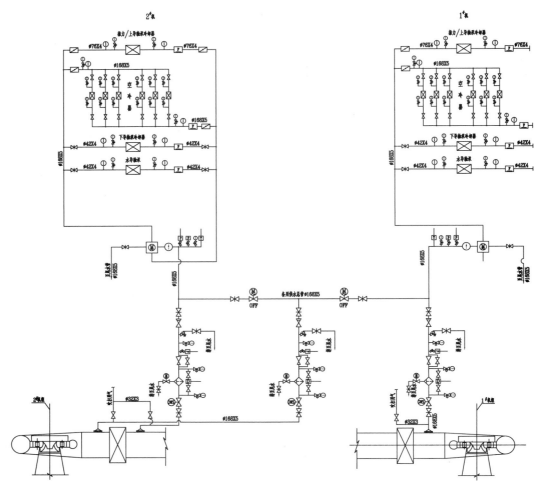

图 3-24　自流减压单元供水系统图

图 3-25 为某电站混合供水系统图。用若干同心圆表示机组各轴承冷却器和发电机空气冷却器的供排水环管，这种表示方法能清晰地表示各种冷却器的个数及其连接方式，常用来表示大中型机组。该电站水头范围为 8~22 m，平均水头 15.8 m。每台机组冷却及润滑总用水量约为 650 m³/h。空气冷却器用水与轴承用水设两部分考虑。每台机组空气冷却器用水量约为 500 m³/h，采用单元供水，以本机组蜗壳取水、自流供水为主供水。进水设电动闸阀控制（该阀随机组启闭而自动启闭）。各机组供水管互相连接作为备用，组成备用干管。水头较低时，采用水泵供水，每台机组设 12SH-19A 空冷器供水泵一台，自上游取水。因使用水泵的时间不长，故不设备用水泵。各轴承冷却水采用水泵分组供水，两台机组为一组，每组设 8BA-18A 轴承供水泵两台，一台工作，一台备用。全厂设轴承供水干管，必要时打开联络阀门，各组之间可相互备用。每台机组各轴承冷却用水设电磁液压阀作轴承冷却供水总阀，随开停机自动控制。1 号机组水轮机导轴承采用水润滑，用水量约为 36 m³/h。由于供水不允许中断，对水质要求高，另设专门的供水管路系统。正常情况下，由主水源蜗壳自流供水，进水由电磁阀自

动控制。如果主水源发生故障，压力和流量不足，则示流信号器发出断水信号，自动打开备用水源的电磁阀，备用水源来自生活水池或轴承供水干管，事先用手阀选择好。如果备用水源也发生故障，水流未能及时通入，示流继电器未复归，则时间继电器又动作，使机组紧急停机。水导润滑水的主水源和备用水源都装设专用的小网孔眼的滤水器。

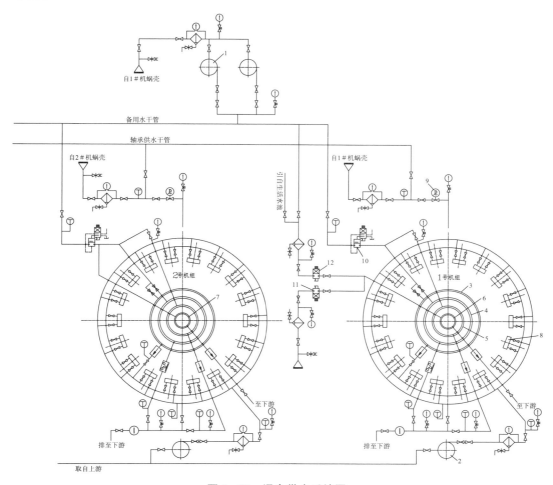

图 3-25　混合供水系统图

1—供水泵；2—空气冷却器供水泵；3—下导轴承；4—推力；5—h导轴承；6—水润滑的水轮机导轴承；

7—油润滑的水轮机导轴承；8—空气冷却器；9—空气冷却器供水电动阀；

10—轴承冷却供水电磁液压阀；11—水润滑水导主供水电磁阀；12—水润滑水导备用水电磁阀

图 3-26 为水泵集中供水系统图。水泵从尾水抽水为主用，顶盖排水作为备用水源。设有三台水泵，两台工作，一台备用，其流量各为全站用水量的一半，经滤水器后分别接至环形供水总管，各机组的冷却润滑水与环形总管相连。工作水泵随机组启闭而启闭，备用泵由装在环形总管上的压力信号器自动控制。该系统使用水泵台数少，投资较小，设备布置集中，便于操作和维护，但泵的自动化接线复杂。

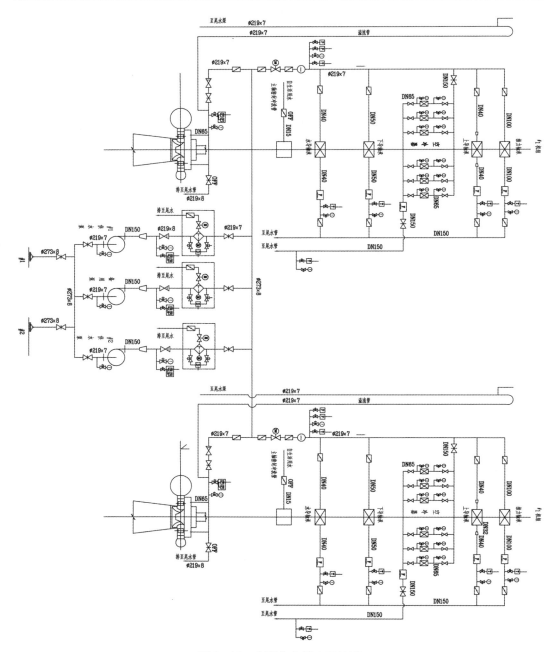

图 3-26　水泵集中供水系统图

图 3-27 为采用循环水池的供水系统图。供水系统由循环水池、循环水泵和冷却器组成。冷却水通过机组冷却器后，带走机组运行所产生的热量，经水管排入循环水池，循环水泵从水池内抽水，送至位于尾水中的尾水冷却器，利用河水进行热交换，降低冷却水温度，再送至机组冷却器进行冷却。由于采用了经过处理的清洁水，可有效防止管道堵塞、结垢、腐蚀和水生物滋生。循环水池供水适用于河流水质较差的电站。

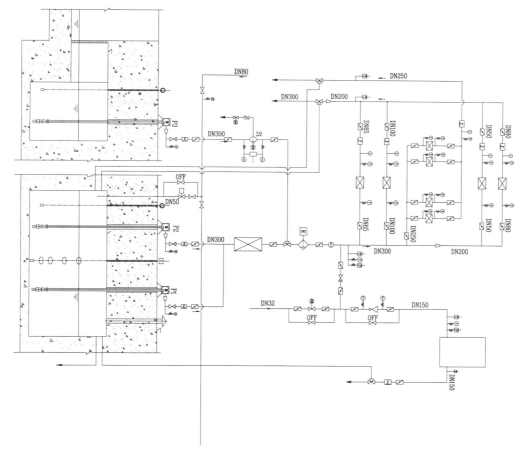

图 3—27 循环水池供水系统图

3.6 技术供水系统设备及管道选择

3.6.1 供水泵

在技术供水系统中，常用卧式离心水泵作供水泵。离心水泵价格低廉，结构简单，运行可靠，维护方便，但如果水泵中心高于取水水面，则要在启动前进行充水，自动化较为复杂。如果将水泵布置在较低的高程上，则能自动充水，省去底阀或其他充水设备，但这样水泵室的位置就很低，增加了运行检查的不便。同时，水泵室位置过低时比较潮湿，对电气设备特别是对备用水泵的电动机等有不良影响，且容易发生水淹泵房的事故。

此外，也可考虑采用深井水泵作为技术水泵。深井水泵是立式多级离心泵，其优点是结构紧凑，性能较好，不要充水设备，管道短，占地较少，可布置于机旁，运行检查方便，但其价格较离心泵贵。

在选择水泵时，应首先求得流量、全扬程、吸水高度等主要参数，按选定水泵类型的生产系列，确定水泵型号（见图3－28），使所选择的水泵满足下列条件：

（1）流量和扬程在任何工况下都能满足供水用户的要求。

（2）应经常处在较有利的工况下工作，即工作点经常处于高效率范围内，有较好的汽蚀性能和工作稳定性。

（3）允许吸水高度较大，比转速较高，价格较低。

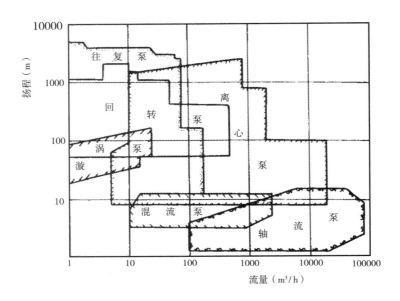

图 3－28　水泵类型选择

1. 流量

在水电站技术供水系统中，每台供水泵的流量按下式确定：

$$Q_泵 \geqslant \frac{Q_机 \times Z_机}{Z_泵} \qquad (3-10)$$

式中　$Q_机$——一台机组总用水量（m³/h）。初步设计时，可按前面介绍的方法估算；技施设计时，由制造厂提供。

$Z_机$——机组台数。对于水泵分组供水系统，为该组内的机组台数；对于单元供水，$Z_机$取1。

$Z_泵$——工作水泵台数，通常为一台，最多不超过两台，因为台数太多会带来并联工作的自动化接线的复杂性。

2. 总水头（全扬程）

工作水泵的总水头应按通过最大计算流量时能保证最远最高的用水设备所需的压力和克服管路中的阻力来考虑。

（1）供水泵自下游尾水取水时（见图3－29），为保证最高冷却器进水压力的要求，技术供水泵所需的总水头按下式确定：

$$H_泵 = (\nabla_冷 - \nabla_尾) + H_冷 + \sum h_{总损} + \frac{v^2}{2g} \qquad (3-11)$$

式中　　$\nabla_{\text{冷}}$——最高冷却器进水管口的高程（m）；

　　　　$\nabla_{\text{尾}}$——下游最低尾水位的高程（m）；

　　　　$H_{\text{冷}}$——冷却器要求的进水压力（mH_2O），此数据由制造厂提供，通常不超过 $20\ \text{mH}_2\text{O}$；

　　　　$\sum h_{\text{总损}}$——到最高冷却器进口，水泵吸水管路和压力管路水力损失总和（mH_2O）；

　　　　$\dfrac{v^2}{2g}$——动能损失（mH_2O），若已计入 $\sum h_{\text{总损}}$ 内，则该项应不再重复计算。

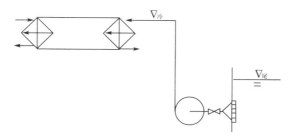

图 3-29　供水泵自下游尾水取水

（2）供水泵自上游取水时（见图 3-30），上游水位对冷却器进口的水头和水泵扬程之和作为技术供水的需要的水头，为保证最高冷却器进水压力的要求，技术供水泵所需的总水头按下式确定：

$$H_{\text{泵}} = H_{\text{冷}} + \sum h_{\text{总损}} + \frac{v^2}{2g} - (\nabla_{\text{库}} - \nabla_{\text{冷}}) \qquad (3-12)$$

式中　　$\nabla_{\text{库}}$——上游水库最低水位的高程（m）；

　　其他同前。

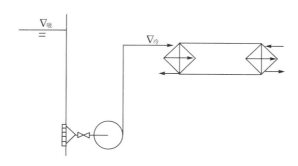

图 3-30　供水泵自上游取水

以上计算中，对冷却器内部水力损失及冷却器以后排水管路所需水头，均认为已有制造厂提出的冷却器进口压力所保证。实际计算时，特别当排至较高下游尾水时，应对冷却器排水管路进行水力计算校验。冷却器内部水力损失由制造厂提供，或按式（3-9）计算，初步设计时可按 7.5 m 估计。

根据以上公式算得 $Q_{\text{泵}}$、$H_{\text{泵}}$ 后，便可选择水泵。水泵型号参数可由水泵样本查得。

精确选择水泵应通过绘制水泵特性和管道特性确定，在计算前应初步安排布置管路及其附件，算出水力损失，绘制出管路特性曲线。而水泵产品样本上给出了水泵特性曲线。将此两条曲线绘制在同一坐标网格上，求出水泵运转工作点。水泵特性 $Q-H$ 曲线上标有两条波折线，这两条波折线之间是水泵的合理工作范围，水泵的运转工作点应在此工作范围内。

3. 吸水高度及安装高程的确定

离心泵的吸水高度按下式计算：

$$H_{吸总} = H_{吸} + h_{吸损} + \frac{v_{吸}^2}{2g} \tag{3-13}$$

式中 $H_{吸}$——几何吸水高度（m），见图 3—31；

$h_{吸损}$——吸水管路水力损失（mH_2O）；

$\dfrac{v_{吸}^2}{2g}$——水泵吸入口处流速水头（mH_2O）。

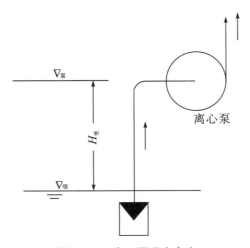

图 3—31 离心泵吸水高度

为了防止汽蚀，必须限制吸水高度，使 $H_{吸总}$ 不大于容许吸水高度 $H_{容吸}$ 值，即

$$H_{吸总} \leqslant H_{容吸}$$

也就是水泵的几何吸水高应限制为

$$H_{吸} \leqslant H_{容吸} - h_{吸损} - \frac{v_{吸}^2}{2g} \tag{3-14}$$

$H_{容吸}$ 为水泵制造厂给出的该型号水泵最大容许吸水高度，可在水泵产品样本中查得，此值是在大气压为 0.3 mH_2O、水温为 20℃ 及转速为设计转速下获得的。实际上，由于水泵安装高程不同，大气压力值不一样；由于水温的变化，水的汽化压力也有所不同，故 $H_{容吸}$ 只有进行修正，修正后的容许吸水高度的计算公式为

$$H_{容吸} = H'_{容吸} + (A - 10.3) + 0.24 - H_{温} \tag{3-15}$$

式中 $H_{容吸}$——产品样本上查得的允许吸水高度（mH_2O）；

A——不同海拔的大气压力（mH_2O），见表 3—5；

$H_{温}$——水的汽化压力（mH_2O），见表 3—6。

表 3－5　不同海拔的大气压力 A

海拔（m）	0	100	200	300	400	500	600	700
A（mH$_2$O）	10.3	10.2	10.1	10.0	9.8	9.8	9.6	9.5
海拔（m）	800	900	1000	1500	2000	3000	4000	5000
A（mH$_2$O）	9.4	9.3	9.2	8.6	8.1	7.2	6.3	5.5

表 3－6　不同水温下水的汽化压力 $H_温$

水温（℃）	5	10	20	30	40	50	60	70	80	90	100
$H_温$（mH$_2$O）	0.09	0.12	0.24	0.43	0.75	1.25	2.03	3.17	4.82	7.14	10.33

水泵的安装高程按下式计算：

$$\nabla_泵 = \nabla_吸 + H_吸 \leqslant \nabla_吸 + H_{容吸} - h_{吸损} - \frac{v_吸^2}{2g}$$

$$= \nabla_吸 + H_吸 + (A - 10.3) + (0.24 - H_温) - h_{吸损} - \frac{v_吸^2}{2g} \qquad (3-16)$$

式中　　$\nabla_吸$——最低吸水位的高程（m）。

由于水泵制造上有一些误差，吸水管路不可能做到很光滑。为了安全可靠起见，实际采用的安装高程最好比计算值降低 0.5 m。由于同一离心泵的吸程是随泵的输出流量增大而降低的，因此在选择水泵时不宜用水泵的下限流量作为设计流量。

3.6.2　取水口

技术供水系统应有工作取水口和备用取水口。取水口一般设置在上游坝前、下游尾水或压力钢管、蜗壳、尾水管的侧壁。

取水口的布置应考虑下列要求：

（1）取水口设置在上游侧或下游侧时，其位置一般应设在最低水位 2 m 以下。

（2）坝前取水口应按水库水温和含沙量情况分层设置，并满足初期发电的要求。取水口侧向引水较正向引水有利，应尽可能减小引水流速对于主水流流速的比值（一般应控制在 1/10～1/5 以下）。

（3）取水口应布置在流水区，不要布置在死水区或回水区，以免停止引水时被泥沙淤积埋没。

取水口的个数应按实际需要确定，一般按如下要求考虑：

（1）单机组电站全厂不少于两个。

（2）多机组电站每台机组（自流供水系统）或每台水泵（水泵供水系统）应有一个单独的工作取水口。备用取水口可合用；或将各工作取水口用管道联络，互为备用。

（3）多机组大型电站自流供水系统，可考虑每台机组平均设置两个取水口，坝前取水口应按实际需要埋设在不同高程上。

设在上、下游的取水口，应装设容易起落清污的拦污栅。压力钢管和蜗壳上的取水口应备有沉头螺丝固定的拦污栅。拦污栅的流速应在 0.25～0.5 m/s 范围内选取（上限适用于压力钢管和蜗壳上的拦污栅），拦污栅的机械强度应按拦污栅完全堵塞情况下最大作用水头进行设计。拦污栅条杆之间的距离在 15～30 mm 范围内选取，取水口要装设压缩空气吹扫接头，或考虑用逆向水流冲洗，以防拦污栅堵塞。

取水口后第一个阀门应提高标准，如采用带防锈密封装置的铜制阀门等，以增强其安全可靠性。设计时应考虑临时封堵取水口的措施，如设置小的事故检修闸门，已备首端第一个阀门故障时截水检修。

取水口的金属结构物一般应涂锌或铅丹。对于含有水生物（贝壳类）的河流，取水口金属结构物应涂特殊材料，以防水生物堵塞水流。

3.6.3 排水管出口

机组冷却排水管出口一般设置在最低尾水位以下，以利用冷却器出口至下游尾水位之间的水头，并避免有空气从排水管出水口进入管内影响水流畅通。但由于排水管常年浸没于水下，应注意考虑有检修管路和阀门的措施。排水管出口应设拦污栅，以防止鱼群或漂浮物进入，堵塞水管。

3.6.4 滤水器

技术供水在进入用水设备前，必须经过滤水器，滤水器应尽可能靠近取水口，安装在便于检查和维修的地方。一般设置在供水系统每个取水口后或每台机组进水总管上。水导轴承润滑水水质要求较高，工作和备用供水管路上均需另设专用滤水器。

设计时应考虑滤水器冲洗时不影响系统的正常供水。采用固定式滤水器时，一般在同一管路上并联装设两台滤水器，或设一台滤水器另加装旁路供水管及阀门。转动式滤水器能边工作边冲洗，同一管路上只需装设一台。

滤水器应设有堵塞信号装置，一般采用压差信号器，当压差值达 2～3 mH₂O 时发出信号。有的压差信号器不能直接读出滤水器前后的压力值，则还应该考虑在滤水器前后各设一个压力表座，供安装压力表用。水轮机导轴承润滑水管路上一般装有示流继电器，滤水器不必另装设信号装置。

3.6.5 阀门

1. 闸阀

闸阀又称"闸板阀"，闸板可沿着阀体与流体通道垂直的闸槽上下移动。流体流向不受限制。开启时，闸板上移，让出流体通道，全开时几乎没有阻力损失。关闭时，闸板上的密封面与闸槽紧密接触，密封性能较好。闸阀的优点为易于启闭，操纵闸板可改变流体的通流面积，具有调节作用，但不会由于流体压力而自行开启或关闭，结构长度较短；缺点为外形高度尺寸较大，阀门闭合面检修困难。闸阀根据闸板的结构分为平行式和楔形式两大类，根据阀杆的结构分为明杆和暗杆两种，如图 3－32 所示。闸阀一般用于大管径的管路上，常用于运行是常开的阀门以及用于经常操作的、供调节流量用的阀门。对于直径大于 300 mm 的手动闸阀，应采用带减速器的操作机构，以减轻操作人员的体力劳动。为满足远距离操作的需要，多采用电动或液动传动。

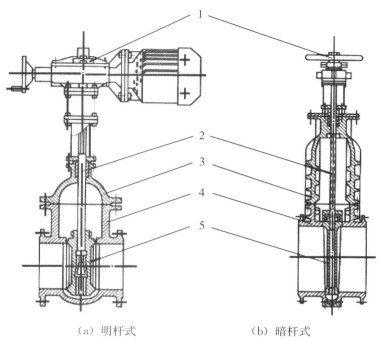

（a）明杆式　　　　　　　　　（b）暗杆式

图 3-32　闸阀的结构

1—操作机构；2—阀杆；3—阀盖；4—阀体；5—闸板

由于闸阀全开时的阻力系数很小（≈0），为了节约投资，减小阀门外形尺寸，便于布置，当管子的公称直径 $D_g \geqslant 300$ mm 时，阀门公称直径可选用较低一级，见表 3-7。

表 3-7　阀门直径

管径（min）	300	400	500	600	700	800	900	1000
阀门直径（mm）	250	300	400	500	500	600	700	800

为了使阀门在关闭时所产生的压力上升不超过允许的 ΔH 值，阀门关闭时间 T_s 由下式决定（此公式未考虑水和管道材料的弹性）：

$$T_s = \frac{Lv_0}{g\Delta H}\sqrt{\frac{H_0 + \Delta H}{H_0 - h_T}} \qquad (3-17)$$

式中　　v_0——关闭前管路中的水流速度（m/s）；

　　　　H_0——管道中的静水头（mH$_2$O）；

　　　　L——管道的长度（m）；

　　　　h_T——流速为 v_0 时管道中的水头损失（mH$_2$O）；

　　　　ΔH——关闭时管道中允许的最大压力升高（mH$_2$O）。

2. 截止阀

截止阀（见图 3-33）的阀瓣能沿阀座的中心线上下移动，关闭时依靠阀杆的压力使阀瓣密封面与阀座密封面紧密贴合，阻止介质流动。截止阀的优点为结构简单，操作灵活，止水情况好，结构高度小。其缺点：阻力系数较大，为闸阀的 5~10 倍；开启过流阀瓣经常受冲蚀；只允许单向流动，安装时有方向性；结构长度较大。截止阀在管径较小的管路中供截流用比较适宜。

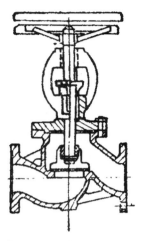

图 3—33　截止阀的结构

3．减压装置

当电站水头大于 40 m 时，应在技术供水系统中装设安全可靠的减压装置。通过减压装置的流量和减压后的出口压力，应符合技术供水系统的要求。通常将减压后的出口压力调整为 $(2.5\sim3.5)\times10^5$ Pa，允许偏差为 0.5×10^5 Pa。

在减压装置后及在可能有的关闭装置之前，必须装有泄水能力相当于最大流量的安全阀。减压装置主要有以下几种。

1）减压阀

减压阀利用介质过阀产生阻力，造成压力损失，并通过阀后压力的直接作用，使进口压力降低至某一需要的出口压力。当阀前的压力变化时，阀瓣和阀座的缝隙自动调整，使阀后压力仍保持恒定。图 3—34 为复合式减压阀的结构。其动作原理：调整螺钉顶开副阀瓣，流体由进口通道经副阀进入活塞上腔，活塞因其面积大于主阀瓣的面积受向下力而下移，使主阀瓣开启，流体流向出口并同时进入膜片的下方，出口压力逐渐上升直至与弹簧力平衡。如果出口压力增高，膜片下方的流体压力大于调节弹簧的压力，膜片即向上移，副阀瓣则向关闭方向移动，使流入活塞上腔的流体减少，压力也随之下降。而活塞上腔的压力下降使活塞与主阀瓣上移，减小了主阀瓣的开度，出口压力也随之下降，达到新的平衡。反之，当出口压力下降时，主阀瓣向开启方向移动，出口压力又随之上升，直至达到新的平衡。因此，只要将调整螺钉的位置调整适当，就可使出口压力自动维持在所需要的范围内。

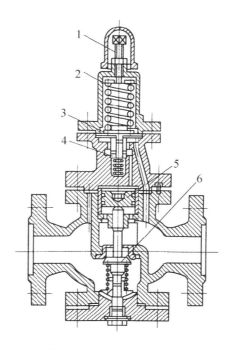

图 3-34　复合式减压阀

1—调节螺母；2—弹簧；3—膜片；4—副阀瓣；5—活塞；6—主阀瓣

2）固定减压装置

固定减压装置是利用水流通过装设在水管中的某一固定装置，产生局部水头损失，来降低水压值。这种减压装置的减压数值不能随电站水头变化而随时调节，但随流速（即流量）的增减而变化，静水时的降压能力等于零。因此，采用这种装置时要特别注意防止静压对冷却器的破坏作用。

图 3-35 为固定减压装置的一种形式，称为孔口式减压装置，也称为节流片。它是在两个联结法兰之间夹一块标准孔板，在水管中形成突然缩小的孔口，利用它对水流的节流作用——突然收缩和突然扩散产生水头损失，来降低水压。

图 3-35　节流片

节流片的计算公式为

$$\Delta H = \zeta \frac{v^2}{2g} \qquad (3-18)$$

式中　　ΔH——减压数值（mH_2O）；

　　　　v——管内平均流速（m/s）；

　　　　ζ——节流片的阻力系数，取决于 d/D 及其形状，可用下面的经验公式计算

$$\zeta = \left(1 + \frac{707}{\sqrt{1 - \dfrac{W}{W_1}}}\right)^2 \left(\frac{W_1}{W} - 1\right)^2 \tag{3-19}$$

其中　　W——节流片的孔口面积（mm）；

　　　　W_1——管子的断面面积（mm）。

图 3-36 为水电部东北勘测设计院设计的另一种形式的固定减压装置，称为多孔式固定减压装置。它是利用水流通过很多的小孔口产生局部水头损失以及水流从孔口射出时撞击消能，来达到减低水压的目的。

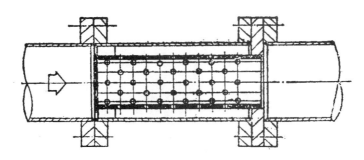

图 3-36　多孔式固定减压装置

固定减压装置的选择原则：最低水头时，保证用户所需流量；最高水头时，流量增加，但应使用户处压力不超过许可值。当水电站水头很高，通过自动调整式减压阀的减压值过大时，可在减压阀的前面再串联一个固定减压装置，以减轻减压阀的负担。当水电站水头变幅较大时，可采用更换节流片的办法来使减压后的压力在要求的范围内，但此法很不方便。

3）闸阀减压

对于减压数值不大的，可通过定期改变闸阀开度来进行压力调整，即利用闸阀部分开启所产生的阻力来削减水压。目前，由于以水为介质的自动减压阀还存在一些问题，不少电站用手动闸阀作为主要减压手段进行大幅度减压。由于闸阀在部分开度，特别在小开度时流态不好，常发生气蚀和振动，极易被破坏，有的电站出现过阀板脱落、阀壳穿孔漏水等情况，所以这不是一种妥善的方法。

4. 安全阀

安全阀是防止介质压力超过规定数值，起安全作用的阀门（见图 3-37）。当工作压力超过规定数值时，阀门便自动开启，排除一部分介质，使压力降低；而当压力恢复到允许值时即自动关闭。选择安全阀时，按安全阀在高出工作压力 10%～20% 时动作，泄放管内可能通过的全部最大流量考虑。安全阀与被保护的管道或容器之间不能装设闸阀或截止阀等截路阀门，防止因误关而使安全阀失去保护作用，安全阀应避免依靠其他动力而动作，如电动等，防止一旦动力中断而使安全阀不能动作。

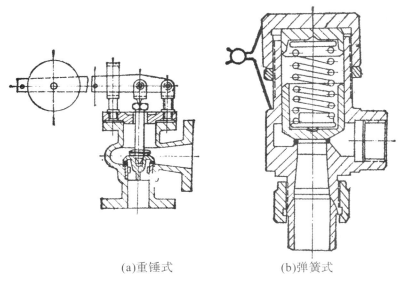

(a)重锤式　　　　　　(b)弹簧式

图 3−37　安全阀

技术供水系统采用自流减压供水或射流泵供水时，为防止减压装置失灵或射流泵装置故障引起上游高压水直接作用到用水部件而损坏设备，一般都在用水部件前装设安全阀。

5. 止回阀

止回阀又称逆止阀或单向阀，是防止管路中介质倒流的阀门。安装只允许单方向开启的阀瓣，依靠介质本身的力量自动启闭，当倒流发生时，阀瓣立即自动关闭。在技术供水系统中，凡有防止倒流要求的地方，都应设置止回阀。常用的止回阀有升降式（见图 3−38）和旋启式（见图 3−39）两种。升降式止回阀阀瓣沿着阀体垂直中心线上下移动，这种阀只能安装在水平管路上。旋启式止回阀阀瓣围绕着阀座上的销轴旋转。旋启式阀瓣压向阀座的力，仅靠压力差来造成；而升降式止回阀除此力之外，还有阀瓣本身的自重，因此在低压情况下，旋启式的密封性不如升降式好。但旋启式止回阀水力损失小，水流的方向没有大的改变，故常用于中、高压或较大通径的场合。

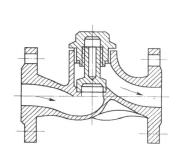

图 3−38　升降式止回阀

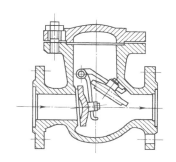

图 3−39　旋启式止回阀

止回阀安装时应使介质流动方向与阀体上标明的箭头方向一致。止回阀前后一般还需装设闸阀或截止阀，以便检修。直接用止回阀作检修时截断水流用是不好的。

3.6.6 管道

技术供水系统管道通常采用钢管。因钢管能承受较大内压，能承受动荷，比铸铁管轻，运输施工简便，连接简单。但有时也采用铸铁管，它比钢管价格低廉，耐腐蚀，经久耐用。

水轮机导轴承润滑水管在滤水器后的管段应采用镀锌钢管，以防止铁锈进入水导轴承。

管径的选择按通过管中的允许流速（经济流速）来确定。管道中的流速值参考如下经验数值：

（1）水泵吸水管中的流速建议在 1.2~2 m/s 中选取，上限用于水泵安装在最低水位以下的场合中。

（2）水泵压水管中的流速建议在 1.5~2.5 m/s 中选用，压水管中的计算流速比吸水管大的目的是减小压水管路的管径和配件尺寸。

（3）自流供水系统管路内流速同水电站水头有关，通常采用 1.5~7 m/s。上限用于高水头水电站。为了避免振动和管子磨损，流速不能过大。流速较大时，要校核阀门关闭时间，以防过大的水锤压力破坏管网。最小流速应大于水流进入电站时的平均流速，使泥沙不致沉积在供水管道和冷却器内。对水头小于 20 m 的电站，为了冷却器内的真空度，排水管流速宜大于供水管流速。

供水管径由下式确定：

$$d = \sqrt{\frac{4Q}{\pi v}} \qquad (3-20)$$

式中 Q——管段的最大计算流量（m^3/s）；

      v——管段的计算流速（m/s）。

也可按已定的计算流速和流量，直接从诺谟图中查得所需的管径 d 值。

按以上方法初步确定管径后，需通过管网水力计算，再对管径作进一步调整。

管道内水压力应小于管道规定的工作压力，管壁厚度按下式计算：

$$S = \frac{Pd}{2.3R_z\varphi - P} + C \qquad (3-21)$$

式中 P——管道内压力（Pa）；

      d——管道内径（cm）；

      R_z——管道内径的许用应力（Pa）；

      φ——许用应力修正系数，无缝钢管 $\varphi=1.0$，焊接钢管 $\varphi=0.8$，螺旋焊接钢管 $\varphi=0.6$；

      C——腐蚀增量（cm），通常取 0.1~0.2 cm。

最后还须指出，对于埋设部分的排水管，管径不宜过小，可比明设管路的管径加大一级，并尽量减少弯曲，以防堵塞后难以处理。对于某些重要的埋设管道，有时还须设置两根。穿过混凝土沉陷缝的管路，应在跨缝处包扎一层弹性垫层（用草绳、油毡捆扎，并浇封沥青，每侧包扎长度约 5 倍管径），避免不均匀沉陷使管路因受到不允许的集中应力而损坏。

　　水电站供排水的明设管路常出现管壁结露现象，从深水取水的供水管路尤甚。露珠积聚下滴造成地面积水，增大厂内空气的湿度，妨碍电气设备、自动化元件和仪表的正常运行，因此除在通风防潮方面采取措施外，还应对露珠下滴时对设备安全运行有妨碍的管段包扎隔热层（如石棉布、玻璃棉等），使管路表面温度保持在露点温度以上，不结露。近年来采用聚氨酯硬质泡沫塑料作为隔热材料，它比重较轻，强度较高，吸水性小，导热系数低，具有自熄性。它与金属有较强的黏接力，作为管路防结露材料不仅少占空间，而且可以收到隔热与防腐的综合效果。

3.7　技术供水系统水力计算

　　技术供水系统水力计算的目的，对于自流供水系统，在于校核电站水头是否满足用水设备的水压要求和管径选择是否合理；对于水泵供水系统，在于校核所选水泵的扬程和吸水高度是否满足要求，以及管径选择是否合理。在不能满足要求的情况下，应重新选择管径，或选用较高扬程的水泵（水泵供水时）。

　　水力计算的主要内容是计算所选管径的管道在通过计算流量时的水力损失。

3.7.1　计算方法

　　水流通过管道的水力损失包括沿程摩擦损失 h_f 和局部阻力损失 h_j。按水力学公式进行计算。

　　1. 沿程摩擦损失

　　（1）按水力坡度计算，其计算公式为

$$h_f = il \tag{3-22}$$

式中　　l——管长（m）；

　　　　i——水力坡降（mmH_2O/m），即单位管长的水力损失。

　　对于较粗糙管（使用若干年、有一定腐蚀的钢管，或新的铸铁管），有

$$i = 2576.8 \frac{v^{1.92}}{d^{1.08}} \tag{3-23}$$

　　对于粗糙管（腐蚀严重的钢管，或使用若干年的铸铁管），有

$$i = 2734.3 \frac{v^2}{d} \tag{3-24}$$

　　其中　　v——管中流速（m/s）；

　　　　　d——管径（mm）。

　　（2）按摩阻系数计算，其计算公式为

$$h_f = \zeta_e \frac{v^2}{2g}$$

$$\zeta_e = \lambda \frac{l}{d} \approx 0.025 \frac{l}{d} \tag{3-25}$$

式中　ζ_e——摩阻系数；

　　　λ——沿程摩阻系数；

　　　v，l，d 同前。

流速水头 $\dfrac{v^2}{2g}$ 可从流速水头诺谟图中查得。

2. 局部阻力损失

(1) 按局部阻力系数计算，其计算公式为

$$h_j = \sum \zeta \frac{v^2}{2g} \qquad (3-26)$$

式中　ζ——局部阻力系数，可从有关手册中查得。

(2) 按当量长度计算，即将局部阻力损失化为等值的直管段的沿程摩擦损失来计算，其计算公式为

$$h_j = il_j \qquad (3-27)$$

式中　i——水力坡降（mmH_2O/m）；

　　　l_j——局部阻力当量长度（m），可从有关手册（如供排水设计手册）中查得，见表3-8。

表3-8　管件的局部阻力当量长度 l_j

（单位：m）

口径（mm）	局部阻力损失种类							
	底阀	止回阀	闸阀（全开）	有喇叭进水口	无喇叭进水口	弯头（90°）	弯头（45°）	扩散管
50	5.3	1.8	0.1	0.2	0.5	0.2	0.1	0.3
75	9.2	3.1	0.2	0.4	0.9	0.4	0.2	0.5
100	13	4.4	0.3	0.5	1.3	0.5	0.3	0.7
125	17.4	5.9	0.4	0.7	1.8	0.7	0.4	0.9
150	22.2	7.5	0.5	0.9	2.2	0.9	0.5	1.1
200	33	11.3	0.7	1.3	3.3	1.3	0.7	1.7
250	44	14.9	0.9	1.8	4.4	1.8	0.9	2.2
300	56	19	1.1	2.2	5.6	2.2	1.1	2.8
350	64	22	1.3	2.6	6.5	2.6	1.3	3.2
400	76	25.8	1.5	3.0	7.6	3.0	1.5	3.8
450	88	30.2	1.8	3.5	8.8	3.5	1.8	4.4
500	100	34	2.0	4.0	10.0	4.0	2.0	5.0

3.7.2　计算步骤

(1) 根据技术供水系统图和设备、管道在厂房中实际布置的情况，绘制计算简图。

在此图上应标明与水力计算有关的设备和管件，如阀门、滤水器、示流信号器以及弯头、三通、异径接头等，如图3-40所示。

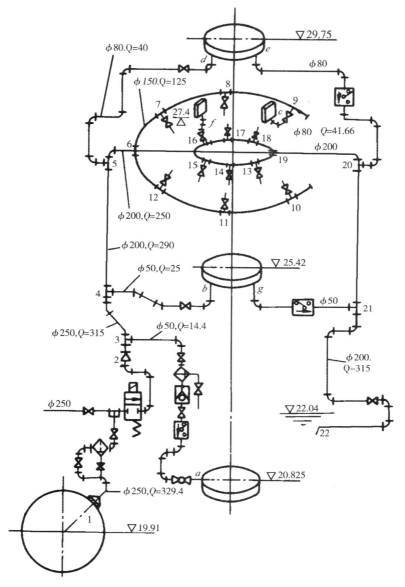

图 3—40　技术供水管道计算图

（2）按管段的直径和计算流量进行分段编号。计算流量和管径相同的分为一段。在各管段上标明计算流量 Q、管径 d 和管段长 l 的值。

（3）查出各管件的局部阻力系数 ζ 值，并求出各管段局部阻力系数之和 $\sum\zeta$ 值。

（4）由计算流量 Q 和管径 d，从管道沿程摩擦损失诺谟图和流速水头诺谟图中，分别查出 i 值和 $v^2/2g$ 值。

（5）按照上述公式分别计算各管段的 h_f 值、h_j 值和 h_w 值（$h_w=h_f=h_j$）。

水力损失计算通常列表进行，表 3—9 为常用的表格形式。

表 3-9　水力损失计算表

管段	管径 d (mm)	流量 Q (m³/h)	水力坡降 i (mm/m)	管长 l (m)	沿程损失 $h_f=i\cdot l\times10^3$ (mH₂O)	局部阻力系数 ζ 弯头	三通	闸阀	滤水器	$\sum\zeta$	$\dfrac{v^2}{2g}$	局部损失 $h_f=\sum\zeta\dfrac{v^2}{2g}$ (mH₂O)	总损失 $h_w=h_f+h_j$ (mH₂O)
1													
2													
3													
4													
5													
6													
7													
8													
9													
10													

（6）根据以上结果，对供水系统各回路进行校核，检查原定的管径是否合适，对不合适的管段加以调整，重新再算，直到合乎要求为止。

对于自流供水系统，水头损失最大的那一个回路的水力损失应小于供水的有效水头。供水有效水头是指上游最低水位与下游正常水位之差，或上游最低水位与排入大气的排水管中心高程之差。对装有水泵加压者（水泵自上游取水，排水至下游），该项总水力损失应小于上述有效水头加水泵全扬程。对于下游取水排至下游的水泵供水系统，该项总水力损失应小于水泵的全扬程（对排入大气的排水管，全扬程应扣除排水管中心高程至下游最低水位之差）。水泵吸水管段的水力损失，加上几何吸上高度，应小于水泵允许吸上高度。

3.7.3　关于压力分布和允许真空问题

根据水力计算结果，可以绘制出沿供水管线的水压力分布，如图 3-41 所示，以利进一步分析讨论。

冷却器入口法兰处的表压力应不超过厂家的要求（一般为 20 mH_2O）。入口的实际水压 $h_{压}$ 可用下式计算：

$$h_{压} = \sum \Delta h_{排} + \Delta h_{冷} - (\nabla'_{冷} - \nabla_{排})　\qquad (3-28)$$

式中　　$\sum \Delta h_{排}$ ——冷却器后排水管的水力损失总和（mH_2O）；

$\quad\quad\Delta h_{冷}$ ——冷却器内部压力降（mH_2O）；

$\quad\quad\nabla'_{冷}$ ——冷却器入口法兰处高程（m）；

$\quad\quad\nabla_{排}$ ——排水口（排入大气）或下游水面（排入下游）的高程（m）。

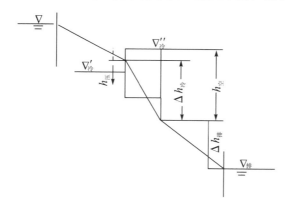

图 3-41　沿供水管线的水压力分布

此外，冷却器内最大真空度不应超过许可值。真空度许可值按下式计算：

$$h_{空} = 10.3 - \frac{\nabla_{排}}{900} - H_{温} - 1.0　\qquad (3-29)$$

式中　　$h_{空}$ ——冷却器真空度许可值（mH_2O）；

$\quad\quad H_{温}$ ——水的汽化压力（mH_2O），与水温有关，由表 3-6 查得；

$\quad\quad 1.0$ ——压力余量。

冷却器顶部实际真空度 $h'_空$ 可用下式计算：

$$h'_空 = \nabla''_冷 - \nabla_排 - \sum \Delta h_排 \qquad (3-30)$$

式中　　$h'_空$——冷却器顶部真空度（mH$_2$O）；

　　　　$\nabla''_冷$——冷却器顶部的高程（m）。

其他同前。

供水系统内的真空度应尽量减小，过大的真空度会引起振动，严重时水流会中断，由于空气漏入，积聚于冷却器上部，对冷却效能及运行稳定带来影响。因此，在设计低水头电站自流式或自流虹吸式供水系统时，应特别注意正确选择供水管道和排水管道的计算流速，以及冷却器前后的压力分布。为了降低冷却器内的真空度，必须使供水管道中的水力损失尽量减少，一般可使排水管流速大于供水管流速；同时调节流量的阀门宜装设在排水管上，调节它以减低冷却器内的真空度。反之，水电站水头较高时，为了不使冷却器入口水压太大，则又希望排水管路的水头损失不要太大；同时，调节流量的阀门宜装在供水管上，用它来调节消除冷却器入口前的盈余水头。

对于水头大于 40 m，电站装有自动调整式减压阀，但未装安全阀的供水系统，应校核当减压阀失灵处于全开位置时冷却器的入口水压不应超过冷却器的试验压力（一般为40 mH$_2$O）。

第 4 章　排水系统

4.1　排水系统的分类和排水方式

水电站厂内排水系统的任务是避免厂房内部积水和潮湿，保证机组过水部分和厂房水下部分的检修。

4.1.1　排水系统的分类和对象

水电站的排水可分为生产用水排水、检修排水和渗漏排水三大类。

1. 生产用水排水

生产用水排水包括：发电机空气冷却器的冷却水，发电机推力轴承和上、下导轴承油冷却器的冷却水，稀油润滑的水轮机导轴承油冷却器的冷却水，油压装置的冷却水等。

这类排水的特征是排水量较大，设备位置较高，能靠自压排至下游，所以一般都将它们列入技术供水系统的组成部分，不再列入排水系统。

2. 机组和厂房水下部分的检修排水

每当检查、修理机组的水下部分或厂房水工建筑物水下部分时，必须将水轮机蜗壳、尾水管和压力引水管道内的积水排除。

检修排水的特征是排水量大，所在位置较低，只能采用水泵排水。为了缩短机组检修期限，排水时间要短，并要特别注意尾水闸门、进水口闸门或主阀的漏水量，选择容量足够的水泵，避免不能抽干或排水时间过长等不良后果。排水方式应可靠，注意防止因排水系统的某些缺陷引起尾水阀灌入厂房，造成水淹厂房的危险。

3. 渗漏排水

(1) 机械设备的漏水，水轮机顶盖与大轴密封的漏水：混流式水轮机通常用不少于两根具有足够断面的排水管，穿过固定导叶中部孔，把这一部分漏水自流排入积水井；轴流式水轮机则专门用水泵按水位自动控制启停，将这一部分漏水直接排至下游；管道法兰、伸缩节、进入孔盖等处的漏水。

(2) 厂房下部生活用水的排水。

(3) 厂房水工建筑物的渗水，低洼处积水，地面排水。

(4) 下部设备的生产排水：冲洗滤水器的污水；水冷式空压机的冷却水；油水分离器及储气罐的排水；空气冷却器壁外的冷凝水；空调用水的排水，当无法直接靠自压排至厂外时，纳入渗漏排水系统。

渗漏排水的特征是排水量小，不集中，并很难用计算方法预计予以确定；位置较低，不能靠自压排除。因此需设置集水井将上述渗漏水收集起来，然后用水泵抽出。合理设计渗漏排水系统，才能保证厂房不致积水，不致潮湿。

4.1.2　检修排水方式

检修排水有直接排水和廊道排水两种。

直接排水：检修排水泵以管道和阀门与各台机组的尾水管相接。机组检修时，水泵直接从尾水管抽水排出。

廊道排水：厂房水下部分设有相当容积的排水廊道。机组检修时，尾水管向排水廊道排水，再由检修排水泵从排水廊道或集水井抽水排出。由于排水廊道容积足够大，开始向廊道排水时，尾水管内水位迅速下降，在尾水闸门内外侧产生水压差（一般为1.5~2 m），将闸门压紧在门框上，因而使闸门的漏水量减少，可大大缩短排水时间。

是否采用排水廊道的排水方式，应考虑厂房水下部分有无设置廊道的位置，以及在投资和工程量方面的合理性。廊道的断面尺寸应满足工作人员入内清扫的要求，一般取宽×高＝1.2 m×2.0 m。为确保进入廊道工作的人员安全，廊道两端应各设一个出入口，其中一个设在不致被廊道中水淹没的高程上。

采用直接排水方式，一般选用卧式离心泵。而采用廊道排水方式时，大多选用立式深井泵。也有电站采用廊道、深井泵排水方案，但排水廊道的容积不按尾水管水位产生骤降来考虑，仅作为一个排水廊道。

根据当前钢闸门设计与制造的情况来看，采用弹性反轮或其他方式也可以有效地将尾水闸门推向门框，达到减少闸门漏水的目的。

4.2　渗漏排水

水电站厂内渗漏水，一般通过排水沟和排水管引至设在厂房最底部的积水井中，再用渗漏排水泵排至下游。

渗漏排水系统一般是在全厂设置一个积水井和相应的排水设备，以简化系统结构和节省投资。有些电站根据具体情况，分设多个集水井并配置相应的排水设备。例如，鲁布格水电站，因地下水较多而在地下厂房中设置了三个独立的渗漏排水系统；漫湾水电站，根据排水对象的不同分设有大坝、水垫塘和主厂房三个独立的渗漏排水系统。

4.2.1　渗漏水量的估计

渗漏水量是选择确定渗漏排水设备参数的重要依据，但它一般很难通过计算方法予以确定，因为它与电站的地质条件、水工建筑物的布置和施工情况、设备的制造和安装质量、季节影响等多种因素有关。

通常在确定渗漏水量时，先由水工部分提出厂房水工建筑的渗漏水量估算值，然后参考已运行的类似电站的渗漏水情况，分析电站的实际情况，并留有一定的余地，确定出渗漏水量 q 值，作为设计的依据。

装有混流式水轮机的水电站，厂内渗漏水量的主要来源是水轮机顶盖和大轴密封漏水，而大轴密封又占其中绝大部分。电站设计时所需的漏水量数值由制造厂提供。一般情况下，橡胶平板密封为 0.5~1 L/min，端面密封为 5~7 L/min。由于轴流式水轮机的顶盖排水一般由制造厂配置专门的顶盖排水泵排除，因而装有轴流式水轮机的水电站厂内渗漏水量主要是水工建筑物的渗漏水，其中以混凝土蜗壳的渗漏水为主。其他生产中排出的污水，如滤水器冲洗污水、空气冷却器冷凝水、油水分离器及储气罐排水等，因水量很小，估算时可略去不计。

当下游洪水位很高，厂区溃水不能自流排出时，应设置专用的排水系统，不应引入厂内渗漏排水系统，以确保安全。

4.2.2　集水井容积的确定

集水井内，工作泵起动水位与停泵水位之间的容积，称为集水井的有效容积，如图 4-1 所示。

渗漏集水井的有效容积 $V_集$ 一般按容纳 30~60 min 的渗漏水量来考虑，即

$$V_集 = (30~60)q \qquad (4-1)$$

式中　　q——渗漏水量（m^3/min）。

也就是说，由于有了集水井，渗漏排水泵不必连续运转，而是每隔半小时至一小时启动一次。

由于影响渗漏水量 q 的因素较多，在电站设计时，很难预计电站建成后和机组设备的渗漏水情况。因此，很多电站在设计的过程中往往不再估计渗漏水量值，而是根据本电站厂房布置情况，参考类似已建成电站的数据，直接确定集水井的有效容积。

如果集水井的有效容积过小，则水泵电动机需频繁启停，这将缩短设备的使用寿命。在不增加开挖和土建投资的情况下，宜增大集水井有效容积，减少水泵启动次数，增长每次运行的时间。

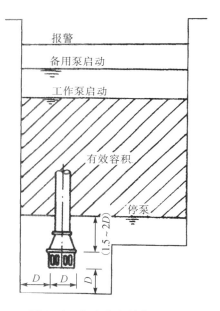

图 4-1　集水井有效容积

集水井应布置在厂房底层，能把最低一层设备及该层地面的渗漏水依靠自流排入集水井。采用卧式离心泵时，按此要求确定集水井井顶高程。

报警水位至不允许淹没的厂房地面之间，应留有一定的安全距离，集水井的这一部分容积称为安全容积，这一容积使水位报警之后能有采取必要的临时措施的时间，不致发生水淹。

备用泵启动水位至报警水位的距离，以及工作泵启动水位至备用泵启动水位的距离，主要考虑液位信号器的两个发讯水位之间的距离不宜过近，否则在水位波动时，不能保证自动控制的准确性。一般要求两个发讯水位距离不小于 0.3~0.5 m。

工作泵启动水位至备用泵启动水位之间的集水井容积称为备用容积。有的电站备用

泵启动时就发警报，不另设报警水位。

由集水井的有效容积及其平面尺寸，便可推导求得集水井工作泵启动水位与停泵水位之间的距离。

停泵水位至井底的距离取决于底阀的大小、底阀进水对上面覆盖水深的要求，以及为防止水位太低把井底脏物吸入损坏叶轮或腐蚀轴承而对底阀下缘至井底距离的要求。对深井泵来说，制造厂提出第一级叶轮必须浸在水下 $1\sim3$ m，不然会造成振动、气蚀等后果。由此便可确定集水井井底高程。

由于设备渗漏油，一些地面油顺排水沟进入厂房渗漏集水井中，造成集水井水面浮有油渍，而且越积越多，逐渐形成油层。这不但给电站运行带来问题，而且增加了引起火灾的因素。因此，在布置条件可能时，应在进入集水井之前设置油水分离池，以便对厂房地面渗漏油进行收集处理。

4.2.3　渗漏排水泵选择

水泵流量可按水泵工作 $10\sim20$ min 排干集水井有效容积中积存的渗漏水来选择，即

$$Q_{泵} = \frac{V_{集}}{(10\sim20)/60} \qquad (4-2)$$

式中，未计水泵工作期间流入集水井的渗漏水，因此水泵实际的工作时间要比计算所取值略大。

若设计中渗漏水量值 q 已经确定，则水泵流量 $Q_{泵}$ 应为渗漏水量 q 的 $3\sim4$ 倍，即

$$Q_{泵} = (3\sim4)q \qquad (4-3)$$

上式保证水泵有足够的排水能力，并且保证有一定的停泵时间。

水泵所需的扬程应按集水井最低工作水位（停泵水位）与电站全部机组满发时的尾水位之差，并考虑克服管道阻力所引起的水力损失来确定，按最高尾水位校核。

应选用两台同型水泵，其中一台工作，一台备用。每台的流量与扬程都应满足计算所要求的数值。

渗漏排水泵工作的可靠性直接关系到厂房设备的安全，而泵的可靠性与泵的类型有关。水泵常采用的有卧式离心泵、立式深井泵、射流泵和潜水泵等型式。卧式离心泵结构简单，维护方便，价格便宜。但由于吸出高度的限制，要求水泵安装得较低，这就不利于电机的防潮、电机和泵房的防淹，而且运行维护也不方便。此外，还有不能使用厂房吊车进行安装检修，以及底阀漏水容易造成事故等缺点。因此，近年来设计建成的大中型水电站绝大多数都采用立式深井泵作渗漏排水泵。立式深井泵的叶轮在水下，没有吸程和启动充水的问题；而它的电机又在井上，也没有潮湿和淹没的问题，优点是十分突出的。其缺点是传动轴很长，结构比较复杂，维护比较麻烦，价格较贵。射流泵用在渗漏排水的优点在于，它不是以电作动力，即使出现全厂失去厂用电的情况，仍可保证渗漏排水系统的正常工作，不致造成水淹事故，这对于以电能为动力来源的其他泵型都是不可能做到的，但射流泵的效率很低。一般在有高压水源或气源的条件下，经过技术经济比较耗水气与耗电后，可采用射流泵作为渗漏排水的备用水泵或工作水泵。潜水泵

是一种值得关注的泵型，它具有与深井泵相同的优点，而且比深井泵耗电少，效率高，安装方便；但由于电机放在水中，所以对其密封性要求较严，检查与维护都比较麻烦。目前潜水泵在水电站渗漏排水方面使用得还不多，随着产品品种的增加、质量提高、造价降低，这种泵型将会得到广泛的应用。

4.2.4　自动化要求

由于渗漏排水泵启停频繁，而渗漏水的来水情况又很难预计，万一集水井水满而没有及时开泵，将造成水淹事故。因此，渗漏排水泵一般都采用自动操作：由液位信号器控制工作水泵和备用水泵的启停，并在水位过高时发出报警信号。采用深井泵时，在泵启动前轴承必须先给润滑水，深井泵启动后 15～90 s 开始出水，因此外供的润滑水一般在泵启动 2 min 后切断。润滑水的投入也应考虑自动控制。

4.3　检修排水

4.3.1　检修排水量计算

检修排水量的大小，为一台水轮机通流部件内的积水和检修期间上、下游闸门的漏水。

1. 需排除的积存水容积的计算

一般在蜗壳和压力钢管的最低处设有排水阀，经管道与尾水管相通。检修排水时，先将机组前的蝴蝶阀或进水口闸门关闭，打开蜗壳及压力钢管的排水阀，使蜗壳和压力钢管内高于下游尾水位的存水自流排至下游，以减少排水设备的排水量。在压力钢管、蜗壳及尾水管中的水位等于下游尾水位时，再关闭尾水闸门，利用检修排水设备将积存的余水排走（见图 4-2）。

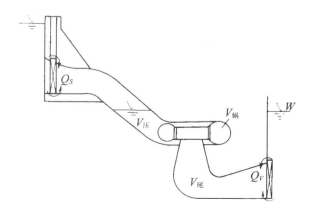

图 4-2　检修排水量

这样，下游尾水位以下需用排水设备排除的积存水总容积 V 可按下式计算：

$$V = V_压 + V_蜗 + V_尾 \qquad\qquad (4-4)$$

式中　　$V_压$——压力水管积存水容积（m³）；

$V_蜗$——蜗壳积存水容积（m³）；

$V_尾$——尾水管积存水容积（m³）。

各项积存水容积均取检修时的下游尾水位以下的容积。$V_压$可按压力水管的结构尺寸和布置情况进行计算，$V_蜗$和$V_尾$则根据制造厂提供的图纸尺寸计算。积存水的多少与检修时的下游尾水位密切相关：下游尾水位越高，不能靠自流排除的积存水越多。设计计算时，应对电站的具体情况和特点进行分析，确定检修时可能遇到的最高尾水位作为设计依据。一般按一台机组检修、其他机组按额定功率发电考虑。也有电站需考虑泄洪、通航等放水情况下的下游尾水位。

2. 上、下游闸门漏水量计算

上、下游闸门单位时间漏水量$Q_漏$可按下式进行计算：

$$Q_漏 = qL \times \frac{3600}{1000} = 3.6qL \qquad\qquad (4-5)$$

式中　　L——闸门水封长度（m）。

q——闸门水封每米长的单位时间漏水量，L/(s·m)。它与闸门止水装置的构造形式及闸门制造安装质量等有关。一般对进水口闸门取$q=1\sim2$ L/(s·m)；尾水闸门取$q=2\sim3$ L/(s·m)；蝴蝶阀（有围带者）可取$q=0.5$ L/(s·m)；采用球阀时，可不计其漏水量。

4.3.2　检修排水泵选择

检修排水泵的水量一般都比较大，扬程也有一定的要求。而且检修还有时间上的限制，要求水泵运行可靠。常用的泵型为卧式离心泵和立式深井泵。也有一些电站采用潜水泵。立式深井泵优点较多，近十几年来新建造的电站，检修排水泵大多选用这种泵型。

水泵流量可按下式确定：

$$Q = \frac{V}{T} + \sum Q_漏 \qquad\qquad (4-6)$$

式中　　V——需排除的积存水容积（m³）；

$\sum Q_漏$——上、下游闸门单位时间的漏水量总和（m³/h）；

T——检修排水时间（h），一般取 46 h，对于大型电站及长输水隧洞或长尾水隧洞的电站，可适当延长。

工作泵的台数不少于两台，常选用两台，且均为工作泵，无须备用。每台泵的流量为

$$Q_泵 = \frac{Q}{Z} \qquad\qquad (4-7)$$

式中　　Z——工作泵台数。

为了保证当积存水排除后，有一台泵来承担排除上、下游闸门的漏水，保持检修时

尾水管内无积水或积水水位不上升，以确保检修工作安全运行，每台水泵的流量必须大于上、下游闸门漏水量的总和，即应该校核

$$Q_泵 > \sum Q_漏 \tag{4-8}$$

排除积存水工作结束后，检修人员便进入蜗壳、尾水管内工作。由于水泵满足式（4-8）的要求，此时实际上是一台泵工作，其余 $Z-1$ 台泵备用，以确保检修人员的安全。

水泵的总扬程应按尾水管底板最低点的高程与检修时的下游尾水位之差，并考虑克服管道阻力所引起的水头损失来确定，可按下式计算：

$$H_泵 = (\nabla_尾 - \nabla_底) + h_w + \frac{v^2}{2g} \tag{4-9}$$

式中　　$\nabla_尾$——检修时的下游尾水位（m）；

$\nabla_底$——尾水管底板最低点高程（m）；

h_w——管道水力损失（mH₂O）；

$\frac{v^2}{2g}$——管道出口流速水头（mH₂O），若已计入 h_w 内，则该项应不再重复计算。

对于卧式离心泵，还需校核水泵的吸水高度及安装高程，计算方法与技术供水泵相同。

采用卧式离心泵作检修排水泵，一般均需要考虑设置启动充水设施。因吸出高度限制，离心泵安装高程很低，一般都在检修时的下游尾水位以下，检修开始第一次启动水泵时并不需要充水。但应考虑水泵在检修过程中随时都可能启停，排完积水后，水泵承担排除上、下游积水任务，往往是断续运行或交替运行，启停频繁，此时只要水泵安装高程高于尾水管底板高程，启动时就应有充水设施。过去不少电站装设底阀，由于长期浸泡于水中，容易锈蚀损坏，常发生锈死，使用时打不开；或在开启使用时被木块、石头等杂物卡住，而失去逆止作用，水泵无法再次启动。对此处安装的底阀，使用前进行维修或使用时进行故障排除，都必须潜水，或加设临时水泵抽干尾水管内积水，这都是很困难、很麻烦的。现在检修排水采用离心泵的电站，绝大多数已不再装设底阀，而采用真空泵或射流泵作启动时充水排气设施。

对于多泥沙河流的水电站，常增设泥浆泵来排除蜗壳、尾水管、排水廊道、集水井内的淤泥（先用高压水冲洗，再启动泥浆泵排除），以缩短清扫时间和减轻劳动强度。

检修排水泵由于不经常运转，所以其操作一般不考虑自动化。但当排除闸门漏水时，可按水位进行自动操作，防止因疏忽忘了启动水泵而造成事故。

4.4　排水系统图

4.4.1　排水系统的设计原则和要求

排水系统是水电站比较容易发生事故的部位，有时因为设计不合理、运行中误操作

等原因，造成水淹厂房的事故，威胁电站的安全运行，应该引起足够的重视。因此，对于排水系统图要进行认真仔细的研究推敲，以达到技术上可靠、经济上合理的要求。

对于检修排水和渗漏排水，由于其排水内容和工作性质不同，对大、中型水电站来说，原则上应分为两个系统，这样可以避免由于误操作或排水系统中的某些缺陷带来水淹事故的危险。同时，检修排水量大，所需水泵电动机容量也大；而渗漏排水量小，所需水泵电动机容量小，却要求水泵经常运转。如果用检修排水泵兼作渗漏排水用，在水泵选型参数选择上很难做到两方面都合适，容易造成参数不合理，运行效率低，运行费用高。此外，渗漏排水和检修排水在操作方式和自动化程度上的要求也有很大的差别。因此，对大、中型水电站来说，这两个系统一般应分开设置。

对于小型水电站或者部分中型电站，为了减少设备，节约投资，检修排水和渗漏排水共用一套设备，也有用检修排水泵兼作消防水泵或技术供水泵的。检修排水和渗漏排水两个系统共用设备时，只能是设备共用，管路相连，而不宜共用集水井；要有可靠的措施，只允许集水井中的水由水泵排出，不允许水向集水井倒灌。为此，在两个系统之间的连接管路上装设控制阀门，当机组不作检修排水时，控制阀必须关闭，以防止尾水回集水井内倒灌。

对于同时设有检修集水井和渗漏集水井的电站，在初期发电期间因对渗漏水的来水特性无法准确把握，可将两集水井进行连通，以利用检修排水泵作为渗漏排水泵的备用水泵，从而提高渗漏排水的可靠性。初期发电结束后，两集水井再按设计要求独立运行。初期发电时的运行方式是用管路把渗漏集水井与检修集水井在适当高程连通起来，在管路上安装止回阀和闸阀，只允许水由渗漏集水井向检修集水井方向流动，反向则不通。当电站出现大于渗漏排水泵生产率的渗漏水量，且渗漏排水泵均已投入运行排水而集水井水位仍快速上升时，止回阀可自动打开，将多余的渗漏来水排入检修集水井，检修排水泵自动投入运行，排出来自渗漏集水井的水，避免水淹厂房的事故。初期发电结束后，可拆除或关闭管路阀门，不再投入运行。

绘制排水系统图时，根据系统连接特点、表达需要，以及图纸使用的方便，可将渗漏排水与检修排水分开来绘制，也可合绘在一张图上。有的电站绘成"供排水系统图"，图中示出供水、排水及其相互联系。有的电站绘成"油气水系统图"，综合示出全厂辅助设备系统的配置和相互联系，给出清晰的全厂整体概念。

排水泵排水管的出口高程，有的电站高于最低尾水位，是为了使排水管出口有漏出水面的机会，以便临时封堵管口，检修排水管路和闸门。但大多数电站排水管出水口设在最低尾水位以下。特别是：①有冰冻危险的水电站，因水泵排水是间断工作的，防止管口被冰封堵；②排水至下游，利用水泵出口止回阀的旁路管道及阀门进行启动充水的水泵，为使之处于常备启动状态，这时必须考虑检修管路和阀门的措施，同时出水口应设拦污栅等，以防止漂浮物和鱼群堵塞管道。

4.4.2 典型的排水系统图

图4-3为检修排水和渗漏排水均采用卧式离心泵的排水系统图。全厂共设置两台检修排水泵和两台渗漏排水泵，都集中布置在同一水泵室内。检修排水泵采用直接排水

方式，排水泵以管道和各台机组尾水管相接。当某一台机组检修排水时，打开该机组蜗壳放空管 1 和排水母管 4 上相应的阀门。水泵吸水管不装设底阀，若启动前泵体内未充满水而有空气，则利用真空泵 5 先将空气抽去。渗漏排水泵一台工作，一台备用，由液位信号器 11 控制，根据集水井水位高低，自动启停，排除集水井内积存的渗漏水。全厂的渗漏水都通过排水管和排水沟流入集水井。

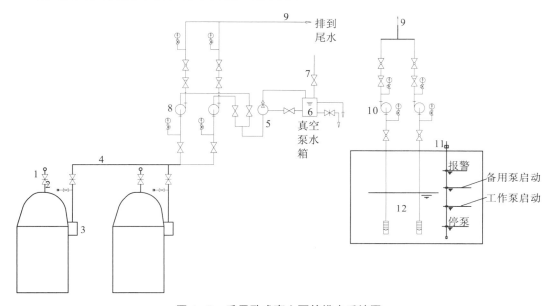

图 4−3　采用卧式离心泵的排水系统图

1—蜗壳放空管；2—吹扫接头；3—取水口；4—排水母管；5—真空泵；6—水箱；7—水箱供水管；
8—检修排水泵；9—排水管；10—渗漏排水泵；11—液位信号器；12—渗漏集水井

　　图 4−4 为多机组电站设有排水廊道、采用深井泵排水的系统图。全厂检修排水系统和渗漏排水系统选用四台深井水泵（定期切换工作泵和备用泵），布置在厂房一端的共用集水井中，水泵的电动机集中布置在位于下游最高尾水位以上的同一室内，由于位置较高，比较干燥，这对电气设备的运行维护是非常有利的。检修排水泵的操作是非自动的，设有水位指示器监视检修集水井中的水位，渗漏排位信号器自动控制渗漏排水泵的启动和停止。

　　图 4−5 为一小型水电站的排水系统图。全厂检修排水和渗漏排水合用两台 3BA−13B 型离心水泵。无机组检修时，两台水泵按渗漏集水井水位控制，一台工作，一台备用，自动启停以排除集水井中的积水，工作泵和备用泵可定期交替切换。机组检修时，可用 1 号泵按集水井水位自动排除渗漏集水井的积水；关闭阀 2，开启阀 3，用 2 号泵进行检修排水；也可视需要短时间关闭阀 1，用两台泵同时进行检修排水。

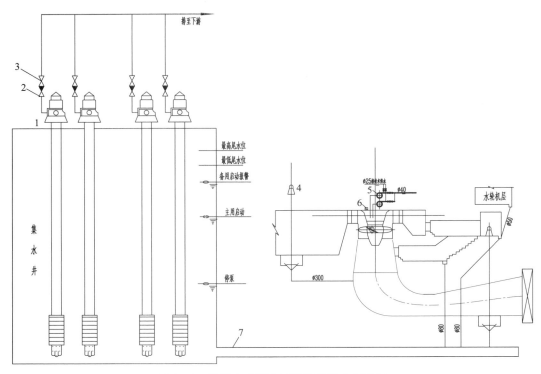

图 4—4　采用立式深井泵廊道的排水系统图
1—深井泵；2—止回阀；3—阀门；4—盘形阀；5—水轮机顶盖排水泵；
6—液位信号器；7—排水廊道

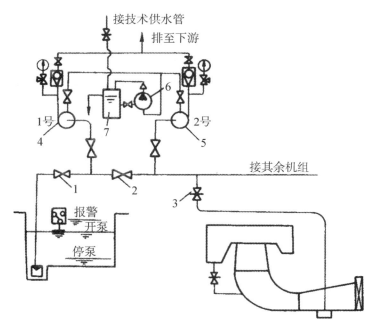

图 4—5　小型水电站的排水系统图

　　图 4-6 为某水电站采用卧式离心泵作检修排水，用射流泵作渗漏排水的系统图。检修排水：采用直接排水方式，两台 8BA-12 型卧式离心泵直接从尾水管内抽水；尾水管底板集水坑内装设底阀；由于该电站为地下厂房，检修排水用阀门切换分别排向非检修机组的尾水管内。厂房渗漏排水：采用一台 $Q=150$ m³/h，$H=30$ m 的射流泵作为工作泵，检修排水泵兼作渗漏排水的备用泵；由电级水位计控制电磁配压阀启停射流泵和备用泵。射流泵的高压水源来自 1 号机蝴蝶阀前的压力引水钢管。

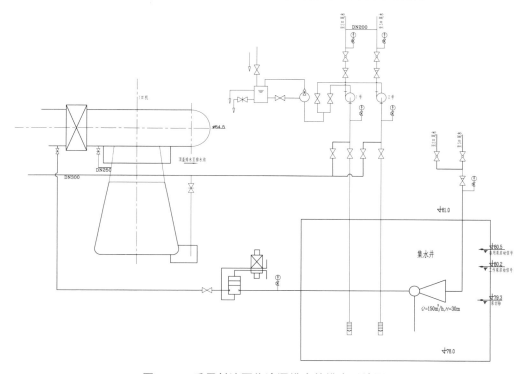

图 4-6　采用射流泵作渗漏排水的排水系统图

第5章　水轮机进水阀及其操作系统

5.1　进水阀的作用及设置条件

在水轮机的进水系统中，装置在水轮机蜗壳前的阀门统称水轮机进水阀（又称为主阀）。

5.1.1　进水阀的作用

（1）岔管引水的水电站，构成检修机组的安全工作条件。当一根输水总管给几台机组供水时，其中某一台机组需要停机检修，为了不影响其他机组的正常运行，需要关闭水轮机前的进水阀。

（2）停机时减少机组漏水量和缩短重新启动时间。当机组较长时间停机时，导叶间隙处产生的气蚀和磨损，使漏水量增加。据统计，一般导叶漏水量为机组最大流量的2%～3%，严重的甚至达到5%，造成水流的大量损失。装设了进水阀以后，由于关闭较严，可以大大减少漏水损失。

（3）机组停机时，往往不希望关闭进水口闸门，因为这样放掉了压力水管的水以后，水轮机再投入运转又要重新充水，延长了启动时间，使机组不能保持随时接受负荷的状态，水电站失去了运行的灵活性和速动性。因此，装设进水阀对于高水头长压力管道的水电站，意义尤为明显。

（4）防止飞逸事故的扩大。当机组和调速系统发生故障时，可以迅速关闭进水阀，截断水流，防止机组飞逸时间超过允许值，避免事故扩大。

5.1.2　设置条件

基于上述作用，设置进水阀是必要的，但因其设备价格高，安装工作量大，同时还需考虑土建费用，所以并非所有电站都必须设置进水阀。是否设置进水阀应根据实际情况，并作相关的技术经济比较后，在电站的设计中予以确定。对于轴流式低水头机组，因过水流道较短，一般采用单管单机布置，在进水口设置快速闸门和在水轮机上装设防飞逸设备后，不再装设进水阀。对于灯泡贯流式水轮发电机组，因水头更低，一般由水轮机进水口或尾水管出口的快速闸门来取代进水阀。对于中高水头的大中型水轮机和水泵水轮机，设置进水阀一般应符合下列条件：

（1）当一根输水总管供给几台水轮机用水时，应在每台水轮机前设置进水阀。

（2）对水头大于120 m的单元输水管，可以考虑设置进水阀。这是因为高水头引水式电站压力管道较长，充水时间长。此外，水电站水头越高，导叶的漏水越严重，能量损失也越大。对于高水头电站，也可装设两个阀门，一个装在压力钢管的始端，另一个装在水轮机前，分别作为压力钢管和机组的保护设施。

（3）对于最大水头小于 120 m、长度较短的单元输水管，例如坝后式水电站，一般装置快速闸门，不设置进水阀。但有特殊要求的电站除外，如试验性电站。

5.1.3　进水阀的技术要求

进水阀是机组和水电站的重要安全保护设备，因此，对进水阀的结构和性能有较高的要求。其主要技术要求如下：

（1）工作可靠，操作方便。

（2）全开时，水力损失应尽可能小，以提高机组对水能的利用率。

（3）尽可能使其结构简单，重量轻，外形尺寸小。

（4）止水性能好，应有严密的止水装置以减少漏水量。

（5）进水阀及其操作机构的结构和强度应满足运行要求，能够承受各种工况下的水压力和振动，而且不能有过大的形变。

（6）当机组发生事故时，能在动水条件下迅速关闭，使机组的过速时间和压力管道的水击压力都不超过允许值。关闭时间一般为 1～3 min。如采用油压操作，进水阀可在 30～50 s 内紧急关闭。仅用作检修用的进水阀启闭时间由运行方案决定，一般在静水中动作的时间为 2～5 min。

进水阀通常只有全开或全关两种运行工况，不允许部分开启来调节流量，否则将造成过大的水力损失和影响水流稳定，从而引起过大的振动。进水阀也不允许在动水情况下开启，因为这样需要更大的操作力矩，同时还会产生很大振动，另外从运行方面考虑也没有必要。

5.2　进水阀的形式及其主要构件

大中型水轮机进水管道上的阀门，常用的有蝴蝶阀、球阀和圆筒阀。

5.2.1　蝴蝶阀

蝴蝶阀（简称蝶阀）主要是由圆筒形的阀体和可在其中绕轴转动的活门以及阀轴、轴承、密封装置及操作机构等组成。阀门关闭时，活门的四周与圆筒形阀体接触，封闭水流的通路；阀门开启时，水流绕活门两侧流过，如图 5-1 所示。

蝴蝶阀阀轴的布置分卧式和立式两种，如图 5-2、图 5-3 所示。这两种蝴蝶阀都得到广泛的采用。在水力性能上，这两种阀没有明显的差别，各制造厂往往根据自己的经验和用户的需要决定布置形式。

根据国内运行经验，立式和卧式蝴蝶阀各有下列优缺点：

（1）分瓣组合的立式蝶阀，其组合面大多在水平位置上，在电站安装及检修时装拆比卧式蝶阀方便。卧式蝶阀的组合面大多在垂直位置，在电站安装时往往要在安装间装配好后，整体吊到安装位置，因此其在电站中的安装和检修较为复杂。

（2）立式蝶阀结构紧凑，所占厂房面积较小，其操作机构位于阀的顶部，有利于防潮和运行人员的维护检修，但要有一刚度很大的支座把操作机构固定在阀体上，在下端轴承端部需装一个推力轴承，以支持活门重量，结构较为复杂。卧式蝶阀则不需设推力轴承，同时，其操作机构可利用混凝土地基作基础，布置在阀的一侧或两侧，所以结构比较简单。

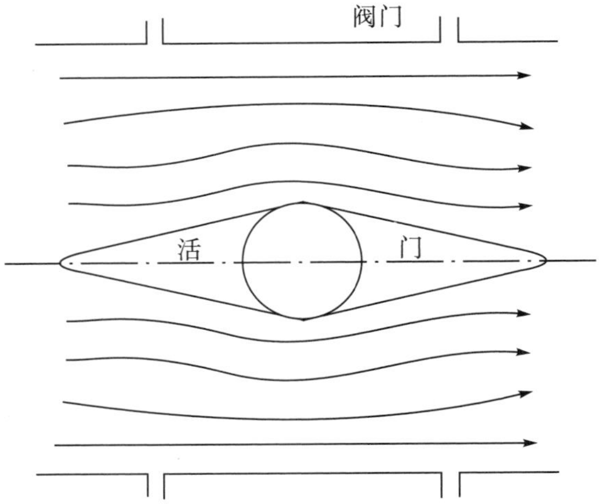

（3）立式蝶阀的下部轴承容易沉积

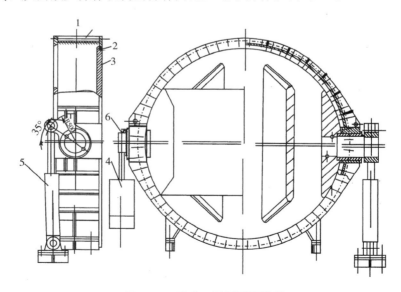

图 5-1　活门全开流态图

泥沙，需定期清洗，否则轴承容易磨损，甚至引起阀门下沉，影响其密封性能。卧式蝶阀则无此问题。由于立式蝶阀下部轴承的泥沙沉积问题很难防止且危害很大，因此在一般情况下，特别是在河流泥沙较多的电站，宜优先选用卧式蝶阀。

（4）作用在卧式蝶阀活门上的水压力的合力在阀轴承中心线以下，水压力作用在活门上的力矩为有利于动水关闭的力矩，故当活门离开中间位置时，将受到有利于蝶阀关闭的水力矩。制造厂往往利用这一水力特性，上移阀轴以加大活门在阀轴中心线以下部分所占比例，从而减少操作机构的操作力矩，缩小操作机构的尺寸。

图 5-2　卧式双平板形蝴蝶阀

1—阀体；2—密封；3—活门；4—重锤；5—接力器；6—锁锭

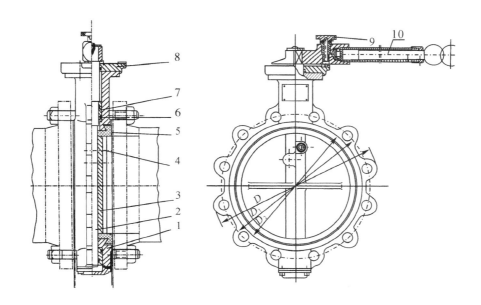

图 5—3　立式对夹式蝴蝶阀

1—阀体；2—轴；3—活门；4—螺钉；5—胶衬；6—密封圈；7—轴套；

8—刻度板；9—定位把手；10—手柄杆

在以上两种蝴蝶阀比较中，立式蝴蝶阀下部轴承泥沙沉积问题很难防止，因此在一般情况下宜优先选用卧式蝴蝶阀。

蝴蝶阀的主要构件有阀体、活门、阀轴、轴承、密封装置和锁定装置等。

1. 阀体

阀体是蝴蝶阀的主要部件，水流由其中通过，承受水压力，支持蝴蝶阀的全部部件，承受操作力和力矩，要有足够的刚度和强度。

直径较小、工作水头不高的阀体，可采用铸铁铸造；大中型阀体多采用铸钢或钢板焊接结构；对于大型蝴蝶阀阀体，由于铸钢件质量不易保证，故以采用钢板焊接结构为宜。

阀体分瓣与否取决于运输、制造和安装条件。当活门与阀轴为整体结构或不易装拆时，则可以采用两瓣组合。直径在 4 m 以上的阀体，受运输限制，也须做成两瓣或四瓣组合。分瓣面布置在与阀轴垂直的平面或偏离一个角度。

阀体的宽度要根据阀轴轴承的大小、阀体的强度和刚度、组合面螺钉分布位置等因素综合考虑决定。

阀体的下半部的地脚承受蝴蝶阀的全部重量和操作活门时传来的力和力矩，但不考虑承受作用在活门上的水推力，此水推力由上游或下游侧的连接钢管传到基础上。为此，在地脚螺钉和孔的配合间，应按水流方向留有 30～50 mm 间隙，此间隙也是安装和拆卸蝴蝶阀所必需的。

2. 活门、阀轴和轴承

活门在全关位置时承受全部水压，在全开位置时，由于处在水流中心，因此不但要有足够强度和刚度，而且要有良好的水力性能。

活门的形状如图5-4所示。图中5-4（a）为菱形，与其他形状的活门比较，其水力阻力系数最小，但其强度较弱，适用于工作水头较低的电站。图5-4（b）为铁饼形，其断面外形由圆弧或抛物线构成，水力阻力系数较菱形和平斜形均高，但强度较好，适用于高水头。图5-4（c）为平斜形，其断面中间部分为矩形，两侧为三角形，阻力系数介于菱形和铁饼形之间，适用于直径大于4 m分瓣组合的活门。为了改善蝴蝶阀的密封性能，近年来国内外出现了双平板形活门，如图5-4（d）所示。活门两侧各有一块圆形平板，两平板间由若干沿水流方向的筋板连接，活门全开时，两平板之间也能通过水流。其特点是水力阻力系数小，活门全关后封水性能好。但由于不便做成分瓣组成的结构，并受加工运输等条件限制，一般用在直径4 m以下的活门。国外也有做到直径为4.9 m的。

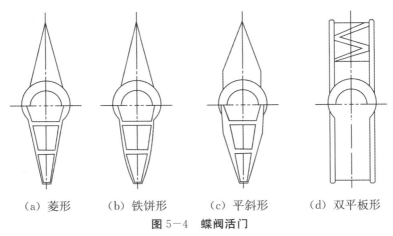

（a）菱形　　（b）铁饼形　　（c）平斜形　　（d）双平板形

图5-4　蝶阀活门

大中型活门为一中空壳体，按照水头高低，采用铸铁或铸钢，大型活门则用焊接结构。

常见的阀轴与活门的连接方式：当直径较小、水头较低时，阀轴可以贯穿整个活门，这种活门的相对厚度b/D值较大。在水头较高的情况下，阀轴可以分别用螺钉固定在活门上，当活门直径大于4 m而采用分瓣组合时，如果阀轴与活门也是分件组合的，可将活门分成两件组成；如果阀轴与活门中段做成一件，则活门分三件组成。把阀轴与活门做成整体的结构或装配的结构，在制造上各有特点。

阀轴轴承的轴瓦一般采用铸锡青铜，轴瓦压装在钢套上，钢套用螺钉固定在阀体上，以便检修铜瓦。

3. 密封装置

当活门关闭后有两处漏水：一处是阀体和阀轴连接处的活门端部，另一处是活门外圆的圆周。在这些部位都应装设密封装置。

1）端部密封

端部密封的形式很多，效果较好的有涨圈式端部密封，适用于直径较小的蝶阀；橡胶围带式端部密封，适用于直径较大的蝶阀，围带的结构与周围密封的相同，如图5-5所示。

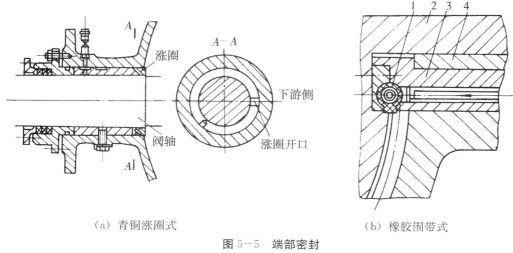

（a）青铜涨圈式　　　　　　　（b）橡胶围带式

图 5-5　端部密封
1—橡胶围带；2—活门；3—钢套；4—轴瓦

2）周围密封

周围密封有如下两种形式：

一种是当活门关闭后，依靠密封体本身膨胀，封住间隙。使用这种结构时活门由全开至全关的转角为 $90°$，常用的结构是橡胶围带，如图 5-6（a）所示（阀体内装围带）。橡胶围带装在阀体或活门上，当活门关闭后，围带内充入压缩空气，围带膨胀，封住周圈间隙。活门开启前应先排气，围带缩回，方可进行活门的开启。围带内的压缩空气压力应大于最高水头（不包括水锤升压值）$(2\sim4)\times10^5$ Pa，在不受气压或水压状态时，围带与活门间隙为 $0.5\sim1$ mm。

另一种是依靠关闭的操作力将活门压紧在阀体上，如图 5-6（b）所示，这时活门由全开至全关的转角为 $80°\sim85°$。密封环采用青铜板或硬橡胶板制成，阀体和活门上的密封接触处加不锈钢板。

4. 锁定装置

由于蝶阀活门在稍偏离全开位置时即有自关闭的水力矩，因此在全开位置必须有可靠的锁定装置。同时，为了防止因漏油或液压系统事故以及水的冲击作用而引起误开或误关，一般在全开或全关位置都应投入锁定装置。

5. 附属部件

蝶阀的附属部件见图5-7，主要包括以下几类。

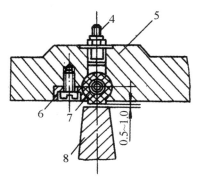 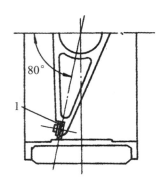 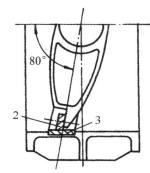

（a）空气围带式 　　　　　　　　　（b）压紧式

图 5—6　周围密封

1—橡胶密封环；2—青铜密封环；3—不锈钢衬板；4—围带嘴

5—阀体；6—压条；7—橡胶围带；8—活门

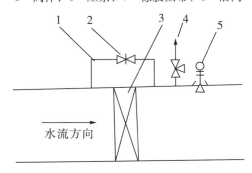

图 5—7　蝴蝶阀的附属部件

1—旁通管；2—旁通阀；3—进水阀；4—压力信号器；5—空气阀

1）旁通管和旁通阀

蝴蝶阀可以在动水下关闭，但在开启时为了减少作用在活门上的水力矩，以减少蝶阀开启工程中所需要的力矩，以及消除蝶阀在动水开启所发生的振动，要求当活门两侧的压力相等（平压）后才能开启。因此在阀体上装有旁通管，旁通管上装有旁通阀，开启蝶阀前，先开启旁通阀，对阀后充水，然后在静水中开启蝶阀。从运用上讲，只要求蝶阀能在事故情况下动水关闭，而没有动水开启的要求。旁通管的断面面积，一般取蝶阀过流面积的 $1\%\sim2\%$，经过旁通管的流量，必须大于导叶的漏水量。旁通阀一般用油压操作，也有用电动或手动操作的。

2）空气阀

为了在蝶阀关闭时，向阀后补给空气，防止钢管因产生真空而导致破坏，同时为了在开启蝶阀前向阀后充水时排出空气，必须在阀门下游侧压力钢管的顶部设置空气阀。

图 5—8 为空气阀的原理示意图。该阀有一个空心浮筒 3 悬挂在导向活塞 1 之下，空心浮筒在蜗壳或管中的水面上。此外，通气孔 2 与大气相通，以便对蜗壳和管道进行补气或排气。当管道和蜗壳充满水时，浮筒上浮至极限位置，蜗壳和管道与大气隔断，以防止水流外溢。

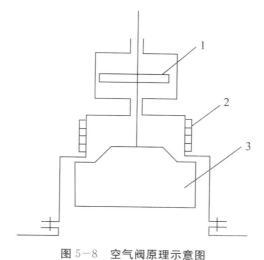

图 5-8　空气阀原理示意图

1—导向活塞；2—通气孔；3—浮筒

3）伸缩节

在蝶阀的上游侧或下游侧，通常装有伸缩节，使蝶阀在水平方向有一定距离可以移动，以利于蝶阀的安装检修及适应钢管的轴向温度变形。伸缩节与蝶阀以法兰螺栓连接，伸缩缝中装有 3～4 层油麻盘根或橡胶盘根，用压环压紧，以阻止伸缩缝漏水。如果多台机组共用一根输水总管，且支管外露部分又不长，则伸缩节最好装设在蝶阀的下游侧，这样既容易检修伸缩节止水盘根等，又不影响其他机组的运行。伸缩节结构示意见图 5-9。

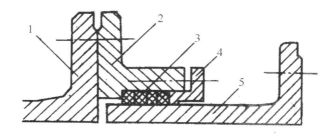

图 5-9　伸缩节结构示意图

1—主阀；2—伸缩节座；3—盘根；4—压环；5—伸缩管

在大中口径、中低压力的使用场合中，蝶阀是主要选择的阀门形式之一。与其他形式的阀门相比较，蝶阀的优点有外形尺寸较小，重量较轻，造价便宜，构造简单，操作方便，能动水关闭，可作机组快速关闭的保护阀门用。其缺点是蝶阀活门对水流流态有一定的影响，它会引起水力损失和气蚀，特别是高水头下使用，会因活门厚度增大和流速增加而更为明显。此外，蝶阀封水不如其他形式的阀门严密，有少量漏水，围带在阀门启闭过程中容易擦伤，会使漏水量增加。

一般蝶阀适用于水头在 250 m 以下、管道直径 1～6 m 的水电站，更高水头时应和球阀作选型比较。我国是世界上少数能制造工作水头达 400 m 以上的蝶阀的国家之一。

表 5-1 列出制造厂出厂时所作漏水试验的允许漏水量。

表 5-1　蝶阀出厂时的允许漏水量

（单位：L/min）

蝶阀直径（m）	水头≤50 m	水头≤100 m	水头≤150 m	水头≤200 m
1.0~1.5	20~35	25~50	30~65	35~75
1.75~2.4	50~70	70~100	80~120	90~140
2.0~4.0	90~120	120~160	150~200	
4.6~6.0	120~160	170~220		

5.2.2　球阀

对于高水头水电站，一般为引水式布置，压力钢管很长，到厂房前分岔，在水轮机前需要设置关闭严密的进水阀。蝶阀在水头 200 m 以上时结构笨重，漏水量大，水力损失大，所以是不适宜的。目前，一般管道直径在 2~3 m 以下，水头在 200 m 以上，常采用球阀。国内使用的球阀最高水头已超过 1000 m，最大直径 2.4 m。目前世界上已制成的球阀最大直径达 4.96 m。图 5-10 为球阀的结构图。

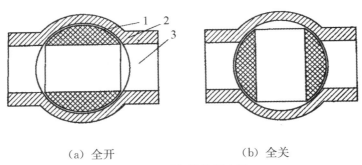

（a）全开　　　　　　　　　　（b）全关

图 5-10　球阀结构示意图

1—阀体；2—活门；3—流体通道

球阀主要由阀体、活门、阀轴、轴承、密封装置以及阀的操作机构等部件组成。

球阀通常采用卧轴结构，活门全开时，工作密封盖位于上部，如图 5-10（a）所示。图 5-10（b）上半部分为全开位置；下半部分为关闭位置，其左边为检修密封，其右边为工作密封。

1. 阀体与活门

阀体通常由两件组成。组合面的位置有两种：一种是偏心分瓣，组合面放在靠近下游侧，阀体的地脚螺钉都布置在靠上游侧的大半个阀体上。其优点是分瓣面螺钉受力均匀，但采用这种结构，阀轴和活门必须是装配式的，否则无法装入阀体。另一种是对称分瓣，将分瓣面放在阀轴中心线上，如图 5-11 所示，这时阀轴和活门可以采用整体结构，重量可以减轻。

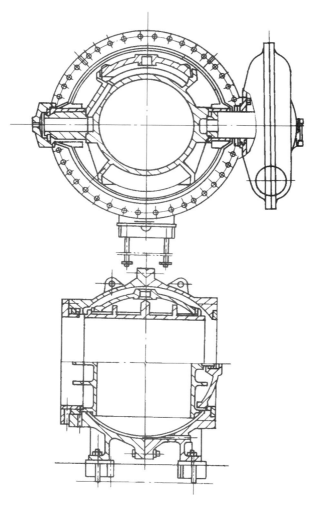

图 5-11　卧轴球阀

　　球阀的阀体通常采用铸钢件。阀轴和活门为整体结构时，可采用铸钢整体铸造或分别铸造后焊在一起。

　　球阀在开启位置时，圆筒形活门的过水断面就与引水钢管直通，所以阀门对水流不产生阻力，也就不会发生振动，这对提高水轮机的工作效率是特别有利的。关闭时，活门旋转 90°来截断水流，如图 5-11 的下半部分，在活门上设有一块可移动的球面圆板止漏盖，它在由其间隙进入的压力水作用下，推动止漏盖封住出口侧的孔口，随着阀后水压力的降低，形成严密的水封。由于承受水压的工作面是一球面，改善了受力条件，这与平面结构的阀门相比，不仅可承受较大的水压力，还能节省材料，减轻阀门自重。

　　2. 密封装置

　　球阀的密封装置有两种，即工作密封和检修密封。其结构如图 5-12 所示。图中密封装置均在关闭位置。

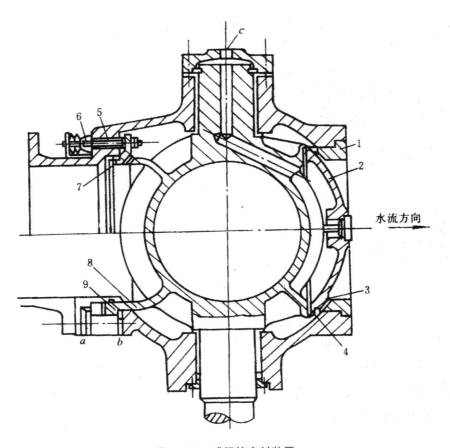

图 5-12 球阀的密封装置

1—密封环；2—密封盖；3—密封面；4—护圈；5—调整螺杆；
6—螺母；7、9—检修密封环；8—检修密封面

　　球阀的密封装置有单侧密封和双侧密封两种结构。单侧密封是在圆筒形活门的下游侧设有密封盖和密封环组成的密封装置，也称为球阀的工作密封，如图 5-12 右侧所示；双侧密封是在活门下游侧设置工作密封的同时，在活门上游侧再设一道密封，以便于对阀门的工作密封进行检修。设置在活门上游侧的密封，也称为球阀的检修密封，如图 5-12 左侧所示。

　　早期的球阀都采用单侧密封，这样在一些重要的高水头水电站通常需设置两个球阀：一个是工作球阀，另一个是检修球阀。现在多采用双侧密封的球阀，以便于检修。

　　(1) 工作密封：位于球阀出流侧，主要零件有密封环、密封盖等。其动作程序如下：球阀开启前，先由旁通阀向下游充水，同时将密封盖内的压力水由孔 c 排出，由于下游水压力逐渐升高，在弹簧和阀后水压力作用下，逐渐将密封盖压入，密封口脱开，这时可开启活门。相反，当活门关闭后，此时孔 c 已关闭，压力水由活门和密封盖的护圈之间的间隙流到密封盖的内腔，随着下游水压的下降，密封盖逐渐突出，直至密封口压严为止。

（2）检修密封：以前的球阀只设计有工作密封，这样在一些重要的电站上，每台水轮机的进水管上串联装两个球阀，前者作检修用，后者作正常工作用，当工作球阀损坏时，关闭前面的球阀进行检修。正常情况下，检修球阀一直不用。以后出现了一台球阀上前后各带一个密封结构，前面的作检修用，后面的正常工作用，当检修密封投入时，可以检修工作密封、轴头密封和接力器。

检修密封有机械操作的，也有用水压操作的。图 5-12 中左上侧为机械操作的密封，利用螺杆 5 和螺母 6 调整密封环，压紧密封面。这种结构零件多，容易由于周围螺杆作用力不均，造成偏卡，动作不灵，现已为水压操作代替。水压操作的密封结构如图 5-12 中左下侧所示，当打开密封时，孔 b 接通压力水，孔 a 接通排水，密封环后退，密封口张开；反之，孔 b 接通排水，孔 a 接通压力水，密封环前伸，密封口贴合。

为了防止生锈，密封装置的活动零件和相应的滑动面，或用不锈钢材料制成，或加不锈钢材料保护层。密封口通常初加工后堆焊不锈钢或银铜焊层，精加工后研合，达到不漏。

球阀的优点：关闭严密，漏水极少；球面圆板止水在活门转动时不受摩擦，不易磨损；全开时水力情况良好，几乎没有水力损失；阀门操作力很小，动水操作时水阻力是摩擦力矩的 5% 左右，有利于动水紧急事故关闭。缺点是体积大，结构复杂，重量大，造价高。当其直径较大时，这些缺点更为显著。

球阀一般都设有数个液压阀，结构形式相同。一个控制旁通阀；一个控制卸压阀，装设在轴头，用钢管与阀后水管相连，开启球阀前打开该阀用以卸去球面圆板止水环上的压力水；还有一个控制排污阀，装设在阀体底部。此外，还有空气阀、伸缩节等。

5.2.3　圆筒阀

圆筒阀作为水轮机的进水阀，可广泛应用于水头在 60~400 m 的水电站，尤其是水头在 150~300 m 的单元引水式水电站。圆筒阀由法国的奈尔皮克公司于 1947 年发明，并于 1962 年在蒙堤纳特水电站首次应用，之后经过近 50 年的发展改进，相继用于加拿大和法国等的 16 座电站内。我国东方电机厂为漫湾水电站配套生产了圆筒阀；哈尔滨电机厂也在大力开发，已完成了模型试验，具备了生产各种尺寸圆筒阀的基本条件。

1. 圆筒阀的结构

圆筒阀的主体部分可分为筒体、操动机构和同步控制机构三大部分，圆筒阀的结构如图 5-13 所示。筒体是一薄而短的大直径圆筒。圆筒阀在关闭位置时，筒体位于水轮机固定导叶与活动导叶之间，由顶盖、筒体和底环所构成的密封面起到截流止水的作用。在全开位置时，筒体退回座环与顶盖之间形成的腔体内，筒体底部与顶盖下端齐平，筒体不会干扰水流的正常流动。操动机构用于控制筒体上下运动以启闭筒形阀。为保证筒体受力均匀，圆筒阀一般需设置多套操动机构，而受顶盖上方空间位置的制约，通常对称布置四套操作机构，当筒体直径过大时，操动机构的数量可适当增加。各操动机构的动作需由同步控制机构进行协调，以实现所有操动机构动作一致，从而保证筒形阀的平稳启闭，并避免在动水关闭时受水流冲击引起筒体晃动。圆筒阀的操作力矩、零部件的结构强度和刚度必须满足动水关闭的要求。动水关闭中阀门的行程达 90% 左右时，筒体的下端面开始脱流，而筒体的上端面仍承受动水压力。上、下端面的压力差即为作用于阀门操动机构上的下拉力，该力可达阀门重量的 10 倍左右。实验表明，圆筒阀体的下端面存在一定的倾斜角时，下拉力的值可有效降低。下拉力随倾斜角的增大而减小，但倾斜角越大，筒体下端面与顶盖、座环之间过流面的平滑性越差，对水流的影响也就越大。实际应用中对倾斜角一般在 $2°\sim6°$ 范围内进行选择。

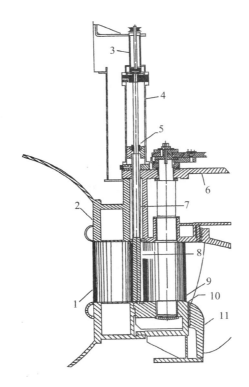

图 5-13　圆筒阀结构

1—固定导叶；2—座环；3—同步装置；4—接力器；5—滚动螺旋副；6—顶盖；

7—操作杆；8—圆筒门；9—导叶；10—底环；11—转轮

　　筒体与顶盖、筒体与底环间都设有密封，以减少阀门的漏水量。筒体与顶盖之间的密封称为筒形阀的上密封，筒体与底环之间的密封称为筒形阀的下密封。圆筒阀的密封如图 5-14 所示。上密封由水轮机顶盖底部外缘处的环形橡胶板和压板组成，下密封由设在水轮机底环外缘的环形橡胶条和压板组成。当阀门关闭后，圆筒阀上、下缘与密封橡胶压紧，实现止水。实践证明，这种密封不但止水性能好，而且使用寿命也较长。

　　2. 圆筒阀的作用

　　圆筒阀研发的最初目的在于减小主厂房的宽度。中、高水头的混流式水轮机，需要设置进水阀以减少导叶的漏水量和空蚀。无论是装设蝴蝶阀还是球阀，都将导致水电站厂房宽度的增加。圆筒阀安装在固定导叶与活动导叶之间，而加装圆筒阀后的厂房宽度与不装任何形式的进水阀时的厂房宽度几乎一样。机组停机时通过关闭圆筒阀来减少导

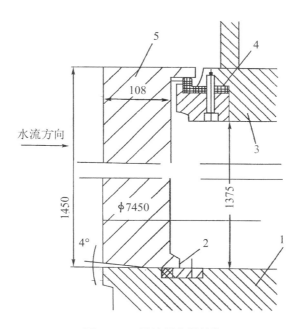

图 5—14　圆筒阀密封结构

1—底环；2—下密封；3—顶盖；4—上密封；5—筒体

叶的漏水量和空蚀。圆筒阀还可以替代蝶阀和球阀，用于机组正常停机时的截流止水和事故停机时的过速保护，在一定情况下也可替代进口快速闸门的作用。对多泥沙河流电站中承担调峰调频任务的机组，采用圆筒阀操作机组的启停可有效降低导叶的磨损与空蚀。圆筒阀受其结构特点和安装位置的制约，目前还无法作为机组的检修阀门使用。

3．圆筒阀的优点

与蝶阀和球阀等进水阀相比，圆筒阀具有以下优点：

（1）装置简单，布置方便，可缩小厂房宽度。一些水电站受厂房宽度的限制，布置大直径的蝶阀或球阀非常困难。圆筒阀结构简单，筒体安装于固定导叶与活动导叶之间，不占用压力引水管道，不需要安装伸缩节、连接管、旁通阀和空气阀等复杂的附属设备，所需安装空间较小，可有效减小电站主厂房的宽度，对于地下电站则可大大减少土建工程的开挖量。机组配置圆筒阀时，需要对水轮机座环和顶盖等部件进行改造，导致水轮机外形尺寸有所增大，但增加十分有限，可以忽略。对于大尺寸圆筒阀的阀体，便于分瓣制造、运输和现场组装。

（2）造价较低。圆筒阀自身成本较低，价格便宜，能降低电站建设的总投资。圆筒阀的成本仅为蝶阀成本的 1/3～1/2，约为球阀成本的 1/4。

（3）无水力损失，动水关闭时的振动和噪声小。机组正常运行时，圆筒阀的筒体退回座环与顶盖之间的腔体内，筒体底部与顶盖下端齐平，对水流几乎不产生任何阻碍。圆筒阀动水关闭时，对水流的扰动程度也没有蝶阀和球阀严重，而且水流沿机组轴心对称分布，水轮机的固定和转动部件所承受的动载荷和不平衡载荷都较小，机组关闭时产生的振动也较小。

（4）可有效减轻导叶的空蚀和泥沙磨损。对于高水头、多泥沙河流上的水电站，活动导叶关闭时漏水量较大、水流速度高，极易造成导叶的空蚀与泥沙磨损。圆筒阀具有启闭时间短、投入快和关闭严密的特点。当机组承担调峰调频任务需频繁启停时，可通过操作圆筒阀的启闭来实现，从而减少泥沙对导叶的磨损和空蚀作用。

（5）操作灵活、方便。圆筒阀的投入比快速闸门的投入迅速，也比蝶阀、球阀的投入简单。圆筒阀可以直接开启，不需要充水平压，因而启闭迅速，一般启闭时间均不超过 60 s。对于承担峰荷的机组，采用圆筒阀可实现机组的快速启动和并网。当机组事故停机时，圆筒阀的快速关闭可对水轮发电机组进行有效的保护。

4. 圆筒阀的缺点

（1）机组不是由单独引水管供水时，一台机组检修，其他机组不能继续运行。

（2）对于多泥沙河流上的电站，下部密封若存在漏水，将导致快速失效。

（3）阀门封水后，不能拆修水轮机或进入水轮机检查，仅能起事故阀门及停机封水的作用，不能起检修阀门的作用。

由于上述圆筒阀的缺点，大多数中小型水电站仍愿意采用蝶阀或球阀。但对于大型电站，通过详尽的经济技术论证，往往证明需要采用圆筒阀，因此圆筒阀很有发展前途。

5.3 进水阀的操作方式和操作系统

5.3.1 操作方式

进水阀的操作系统，按操作动力不同，一般可分为手动操作、电动操作、液压操作三种类型。低水头、小直径，以及作检修用的阀门，可采用电动操作；事故用的阀门，则绝大多数都用油压或水压等液压通过配压阀、接力器来操作；一些不要求远方操作的小型阀门，则采用手动操作。下面重点介绍液压操作类型。

液压操作通常又分为油压操作和水压操作两种。当电站水头大于 120~150 m 时，进水阀的液压操作系统可引用压力钢管中高压水进行操作，以简化能源设备；当水头较低时，通常采用油压操作，以减小接力器的尺寸。采用水压操作时，为了防止配压阀和活塞受到严重磨损和阻塞，所引入的压力水必须是清洁的，同时操作机构中与压力水接触的部分需采用耐磨和防锈材料；采用油压操作时，为提高进水阀操作的可靠性，油压操作的压力油源除工作油源外，还需设置备用油源。压力油源可由专用的油压装置、油泵或调速器的油压装置取得。若采用调速系统的油压装置作为进水阀的压力油源，还需采取措施防止水分混入压力油中而影响压力油的油质。具体采用哪种操作方式，应根据电站特点慎重选择。

进水阀的液压操作机构主要有导管式接力器、摇摆式接力器、刮板接力器和环形接力器等几种形式。

阀门的控制机构，根据阀门的作用、直径大小、制造厂的设计制造经验而采用不同的形式。

图 5-15 为装在立轴阀门上的导管式接力器。根据操作力矩的大小，可以采用一对或单个接力器布置在一个盆状的控制箱上，控制箱固定在阀体上，这是常用的一种操作机构。

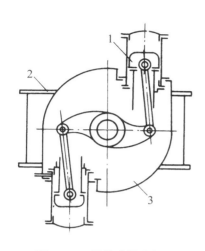

图 5-15　导管式接力器
1—接力器；2—控制箱；3—阀体

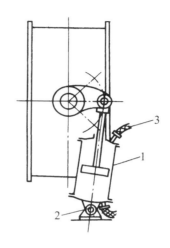

图 5-16　摇摆式接力器
1—接力器；2—铰链；3—高压软管

图 5-16 为装在卧轴阀门上的摇摆式接力器。摇摆式接力器下部用铰链和地基连接，工作时随着转臂摆动，这样就不需要导管，因此在同样的操作力矩下，接力器的活塞直径比导管式接力器要小。

摇摆式接力器的输油管必须适应缸体的摆动，常用的管接头为高压软管接头或铰链式刚性管接头。从制造和运行来看，摇摆式接力器有很多优点，对大中型横轴蝶阀或球阀都很适用。

5.3.2　蝶阀的操作系统

大中型电站的进水阀，其操作系统一般均为自动控制，当接受外界动作信号后，即按照一定程序进行关闭或开启阀门的自动操作。由于进水阀的结构、功用、控制机构、自动化元件和要求各不相同，因此进水阀的操作系统图是多种多样的。

图 5-17 示出了一种我国采用较多的蝶阀机械液压系统图，该系统在自动控制时各元件的协同动作程序如下（图示位置为蝶阀关闭时各元件的位置）。

1. 开启蝶阀

当发出开启蝶阀的信号后，电磁配压阀 1DP 动作，活塞向上移动，使与油阀 12 相连的管路与回油接通，油阀上腔回油，使油阀开启，压力油通至四通滑阀 11。同时，由于电磁配压阀 1DP 活塞向上移动，压力油进入液动配压阀 9，将其活塞压至下部位置，从而压力油进入旁通阀活塞的下腔，而旁通阀活塞的上腔接通回油，该活塞上移，旁通阀开启。与此同时，锁锭 1 的活塞右腔接通压力油，左腔接通排油，于是将蝶阀的锁锭拔出。压力油经锁锭通至电磁配压阀 2DP，待蜗壳水压上升至压力信号器 4 整定值时，电磁空气阀 DKF 动作，活塞被吸上，空气围带排气。排气完毕后，反映空气围带气压的压力信号器 7 接通电流，使电磁配压阀 2DP 动作，活塞被吸上，压力油进入四通滑阀的右端，并使四通滑阀的左端接通回油，四通滑阀活塞向左移动，从而切换油路方向，压力油经四通滑阀通至蝶阀接力器开启侧，将蝶阀开启。当开至全开位置时，行程开关 1HX 动作，将蝶阀开启继电器释放，电磁配压阀 1DP 复归，旁通阀关闭，锁锭落下，并关闭油阀，切断总油源。

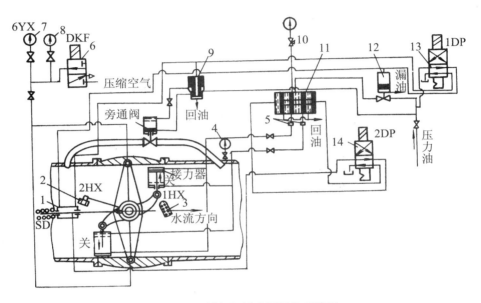

图 5—17　蝶阀机械液压操作系统图

1—锁锭；2、3—行程开关；4、7、8、10—压力信号器；5—节流阀；6—电磁空气阀；
9—液动配压阀；11—四通滑阀；12—油阀；13—电磁配压阀

2. 关闭蝶阀

当机组自动化系统发出关闭蝶阀的信号后，电磁配压阀 1DP 励磁而产生吸上动作，油阀开启，旁通阀开启，锁锭拔出，随即电磁配压阀 2DP 复归而脱扣，压力油进入四通滑阀的左端，推动活塞向右移动切换油路方向，压力油进入蝶阀接力器关闭侧，将蝶阀关闭。当蝶阀关至全关位置后，行程开关 2HX 动作，将蝶阀关闭继电器释放。电磁空气阀 DKF 复归，围带充入压缩空气。同时电磁配压阀 1DP 复归，关闭旁通阀，投入锁锭，并关闭油阀，切断总油源。

蝶阀的开启和关闭时间可通过节流阀 5 进行调整。

5.3.3　球阀的操作系统

图 5—18 示出了一种球阀机械液压操作系统图。它可以在球阀现场手动操作，现场或机旁盘自动操作，以及在中控室和机组联动操作。

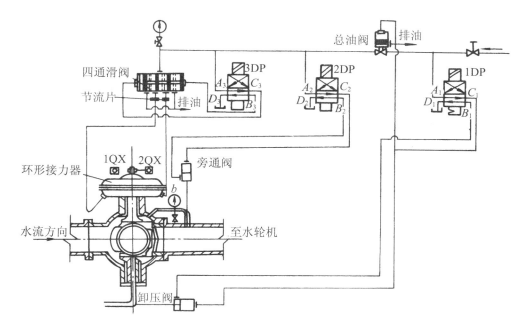

图 5—18　球阀机械液压操作系统图

1. 球 阀 的 开 启 过 程

图 5—18 为阀门全关时各元件的相对位置。发出球阀开启命令后，电磁配压阀 1DP 提起，压力油由 A_1 进入 B_1，作用到卸压阀的左腔，同时使卸压阀的右腔通过 C_1 和 D_1 与排油管接通，总油阀在下部油压作用下自动打开，向球阀操作系统供压力油。提起电磁配压阀 2DP，压力油经 A_2 及 B_2 到旁通阀的下腔，其上腔通过 C_2 及 D_2 排油，旁通阀打开，向蜗壳充水。蜗壳充满水后与引水钢管平压，这时止漏盖外压力大于内压力，因此自动缩回，与阀体上的止水环脱离接触。当球阀前后压力平衡后，接点压力信号器 A_3 接通，使电磁配压阀 3DP 提起，压力油经 A_3 及 B_3 通向四通滑阀右侧，同时使四通滑阀左侧经 C_3 及 D_3 与排油管相连，四通滑阀在两端压差作用下，向左移动到虚线位置，压力油通过四通滑阀进入接力器开启腔，而接力器关闭腔则通过四通滑阀排油，球阀开启。待球阀全开后，终端接点开关 1QX 动作，红色指示灯亮，电磁配压阀 1DP 及 2DP 复归，卸压阀与旁通阀关闭，压力油通过 A_1 及 C_1 至总油阀上腔，总油阀关闭，球阀操作油源被切断。

2. 球 阀 的 关 闭 过 程

当发出球阀关闭命令后，提起电磁配压阀 1DP，卸压阀打开，总油阀开启，操作油源接通。复归电磁配压阀 3DP，压力油经 A_3 及 C_3 使四通滑阀右移，压力油经四通滑阀进入接力器关闭腔，同时使开启腔经四通滑阀排油，球阀关闭，红色指示灯灭。待球阀全关后，终端接点开关 2QX 动作，绿色指示灯亮，电磁配压阀 1DP 复归，卸压阀及总油阀关闭。压力水经止漏盖与活门缝进入止漏盖内腔，这时如果蜗壳压力有所下降，止漏盖自动压出与阀体上的止水环紧贴，严密止水。若蜗壳中水压未降低，为使止漏盖出止水，可将蜗壳排水阀或水轮机导水叶略微打开，使止漏盖内外造成压差而压出。

球阀的开启和关闭时间可通过节流阀开口大小来调节。

5.3.4 圆筒阀的操作系统

阀门的正常启闭在满足以下条件时可进行：①压力钢管充水；②导叶关闭；③油压装置和调速器的油压和油位正常。在飞逸状态或调速器失灵时，应自动操作圆筒阀紧急关闭。

图5—19为简化了的圆筒阀的液压操作系统。它主要由三通电磁配压阀和给接力器上、下游腔供油的两条多支管路组成。开启阀门时，高压油进入接力器下腔，上腔的油则排向回油箱；关阀时，电磁阀换向，由于下拉力作用，阀门向关闭方向移动，靠管路上的节流器控制关闭速度，并保护阀门避免因油路破坏而突然关闭。

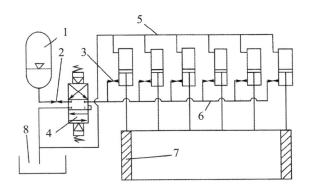

图5—19 圆筒阀液压操作系统图

1—压力油罐；2、3—节流器；4—主配压阀；5—上支管；6—下支管；7—筒体；8—回油箱

在操作工程中，由同步机构保护装置发出信号，操作液压锁锭把阀门锁在原位。此时，只有手动关闭指令才能解除阀门锁锭。圆筒阀关闭时，接力器的下油腔与回油箱接通。

第 6 章　辅助设备系统的设计

6.1　辅助设备系统设计的任务

工程设计是指利用科学方法对即将进行建设的工程项目进行规划，使工程建设具有良好的技术效果和经济效果的工作。它是一个从无到有，使主观认识逐渐深化、合理，逐渐符合客观实际的过程。

辅助设备系统的设计是水电站整体设计的一部分。各种辅助设备都是为了对电站和主机服务而设置的，因此，在设计中要了解辅助设备系统与水电站总体、与主机的相互影响和联系，使辅助设备系统满足电站和主机稳定、安全、经济运行的要求。

辅助设备作为一个综合系统，又被分为多个独立的且互相有联系的分系统，如前面各章已分述的油、气、水等各种系统。它们各自具有自己的服务对象和内容，又从不同方面组成一个同一整体，实现水电站统一运行的目标。

各分系统设计的任务，根据各电站的具体情况不同而有所区别。其内容如下：

（1）进水阀：设置进水阀必要性的论证、进水阀选择、阀室布置安装图、操作系统及管路图。

（2）油系统：设备用油量计算，储油设备及油处理设备选择，油系统图及操作程序，油库及油处理室布置图、管路图，油桶等非标准件制作图。

（3）气系统：各用户用气量计算，确定供气方案，储气罐与空压机选择，气系统图、设备布置、安装图，管路图，储气罐、气水分离器、制动柜等非标准件制作图。

（4）水系统：设备用水计算，确定水源、供水方式及设备配置方式，水处理方案，选择供水设备；检修排水量计算，确定检修排水方式，检修排水泵选择；渗漏集水井容积确定，渗漏排水泵选择；水系统图；设备布置图，管路图，滤水器等非标准件制作图。

除此之外，还有水力量测系统的设计，厂内起重设备、机修设备的选择和布置。

最后汇总提出设备材料清单、厂用电负荷数据、投资概算。

6.2　设计阶段及其内容

由于人们对事物的认识是逐渐深化的，需要一定的过程；水电站的设计工作涉及面广、工作量大，设计质量直接关系着工程的成、败、优、劣；参加设计工作的工程技术人员是按专业分工进行的，往往需要互相提供数据资料，互相影响，互相制约（即使是某一专业局部设计方案的改动，也将对其他专业的设计造成影响）。因此，水电站的设计工作必须分阶段进行，进行一个阶段的工作之后，要集中进行协调统一，提交成果，经过一定的审查批准手续，作为下一阶段的设计的依据。而下一阶段的设计，对前一阶段既要有继承性，又要逐步深入、发展和提高。

水电工程的设计阶段一般包括流域开发规划、工程可行性研究、初步设计、技术设计和施工图等。而与辅助设备系统设计有关的只是后三个设计阶段。

初步设计阶段是解决水电站开发和建设中带方向性的方案规划和系统设计，确定工程规模、投资、效益，论证技术上的可行性、经济上的合理性，是工程设计的基础阶段。初步设计的编制应在批准的河流（河段或地区）规划的基础上，根据主管部门审批的设计任务书进行。这个设计阶段的主要任务是充分研究水电站所在河流和地区的自然条件，论证本工程及主要建筑物的等级，进行工程总体布置，确定主要建筑物形式和控制性尺寸，确定水库特征参数，确定电站装机容量、机组台数、机组机型、电气主接线及主要机电设备，提出施工方案和工程总概算，进行技术经济分析，阐明工程效益。有时还要根据电站特殊情况，拟定需进一步研究的专题项目。辅助设备在初设阶段的任务，则是配合工程总体设计完成上述任务中对各主要方案的研究，初步提出油气水系统图及主要设备清单，拟定设备制造任务书等技术文件，参加编制工程概算及编写初步设计说明书的有关章节。

技术设计阶段是在初步设计已确定的方案基础上进行的。其任务是对主要技术问题作深入探讨，进行设计计算、调查、试验、分析研究和论证，提出解决这些问题的技术方案，并在深入工作的基础上提出对初步设计中某些问题的修改和补充。

施工图阶段属施工设计，是将上阶段设计所确定的方案，在详细布置和结构设计的基础上，绘制施工图纸（表示出制作安装的具体尺寸、要求），编制说明书，作为施工的依据，以付诸具体的实施。施工图阶段图纸较多，设计工作具体、琐碎、工作量大，各种矛盾往往都集中暴露出来，要求设计人员工作认真细致，图纸尺寸正确、表达清楚，各专业之间密切配合，反复核对，消除差错，使各种矛盾和问题及早暴露，消除在施工、安装、运行之前。施工图说明书包括：技术条件的实施，质量检验的标准和方法，试验要求，运行使用程序，保养检修制度及注意事项，为水电站安装、运行、检修做出指导性说明。这一阶段辅助设备部分的主要设计任务有两个方面：一是进行设备和管路布置，绘制设备布置图和管路图；二是非标准件的设计。设备和管路布置图有两种表达方式：一种为综合各系统按厂房分层分块出图，这种图纸便于安装、检修时使用，容易避免各种管道在布置中的相互干扰，但绘图时要注意各系统的管道连接，避免遗漏；另一种为按系统出图，这样在设计制图时较有系统性，不易遗漏，但绘图工作量较大，且应注意避免各分系统之间管道的相互干扰。设计出图时采用哪种方式，与设计人员的技术水平和工作经验有关。非标准件是指尚未定型化、系列化，无标准设计可供选用的设备和构件，需自行设计、绘制制造安装图。目前水电部有关部门正组织对水电站采用的主要非标准件进行定型系列设计，供电站设计时选用，今后电站设计中此部分工作量将会大大减小。

对于不同规模的电站，设计阶段的划分由于其重要性和工作的技术复杂程度不同而有所不同。一般建设项目可按初步设计和施工图设计两个阶段进行。对于技术上复杂而又缺乏设计经验的项目，经主管部门批准，可增加技术设计阶段。

设计中的返工现象是经常发生的。有时返工是正常的：由于基本资料发生变化，人们认识的深化，以及技术发展进步等原因，本专业或其他专业决定修改设计，采用更为合理的方案，造成与此有关的部分全部或局部返工。但也有一些返工是完全可以避免的，如设计工作不细致深入造成错误。

基建程序是我国多年来基本建设的实践总结，是客观规律的反映，是使基本建设顺利进行的重要保证。设计工作必须严格执行基建程序：没有批准的设计任务书、资源报告、厂址选择报告，不能提供初步设计，更不能进行设计审批；没有批准的初步设计，不能提供设备订货清单和施工图纸。过去由于受"左"的思想干扰，许多工程任意简化程序，未经规划论证就进行工程设计，没有完整的设计就仓促开工，甚至提出"边勘探、边设计、边施工"的错误口号，遗留后患，教训深刻。

6.3　设计基本资料

设计工作需要可靠、准确和全面的基本资料，这是工程设计的基础与依据。

要完成辅助设备系统的设计，必须收集以下一些资料。

6.3.1　工程自然条件及总体规划设计资料

河流梯级开发方案；本工程任务、等级、建设期限；各种建筑物主要数据及布置情况；水库调节特性；对外交通，重件、大件运输条件；本电站在电力系统中的位置、任务，单机占系统总容量的比重；电站各种特征水头；上下游各种特征水位，下游水位与下泄流量关系曲线；装机容量、机组台数，最大利用小时数；运行方式，各种工况的运行持续时间；水质情况，水流含沙量资料；水温资料；气象资料；厂址附近地下水情况。

6.3.2　机组资料

水轮机和发电机型号，额定功率，机组转速，设计水头；发电机效率，功率因数，额定电压；水轮机运行特性，析出高度，装机高程，蜗壳、尾水管形式及尺寸；机组主要部件重量和外形尺寸；调速器、油压装置的型号，调速系统用油量；机组各部分冷却、润滑水量，发电机消火水量，以及这些用水对水压、水温、水质的要求；机组各部分用油量，对油的牌号要求；机组制动用气量及对气压的要求，制动闸尺寸、数量；水轮机顶盖与大轴密封漏水量，顶盖排水方式；机组油、气、水管路设置情况；随机配套供给的自动化元件的性能规格和数量。

6.3.3　电站其他专业设计资料

电气主接线，电气设备布置情况，电气设备用水、用油、用气的要求；引水系统布置及尺寸，水头损失与流量关系曲线；厂房布置及混凝土体形图；水工建筑物渗漏水量；水工建筑物及金属结构的吹冰防冻要求；进水口闸门及尾水闸门的形式及漏水量；进水口拦污栅间距及过栅流速。

6.3.4　辅助设备有关资料

各种辅助设备的厂家资料和样本，与本电站辅助设备系统设计有关的新技术、新理论、新研制的设备与材料的动态情况。

6.3.5　已投产类似电站资料

设计中应收集已投产类似电站辅助设备系统的设计资料、运行及试验数据、设备及系统改进情况、调查报告等，进行剖析、对比研究，提高设计者的认识水平，做出更好的设计。

6.4　方案拟定和比较

明确了设计任务、收集了基本资料之后，便可拟定出不同方案进行分析比较，并按照本书前面各章所讲述的方法进行设计计算。

6.4.1　方案的拟定

设计过程中，对每一个问题的解决都可能有若干不同的方案，除了明显不合理、不优越的方案可不予考虑外，一般对各种可能采用的方案均应列出，根据具体条件，通过技术经济分析和方案比较工作，判定各方案的优劣，淘汰较劣方案，找出最优方案。

例如某电站水头范围为 $81\sim126$ m，单机容量为 3×10^5 kW，设计供水系统时曾剔除自流减压供水、水泵供水和射流泵供水等不同方案，经过充分论证比较及一系列试验研究工作，最后确定采用射流泵供水方案。

这种对不同设计方案的拟定和比较，在设计过程中是经常运用的。如水轮机进水口是设置进水阀，还是设置快速闸门；进水阀是采用蝴蝶阀，还是球阀；技术供水是采用沉沙池，或水力旋留器，还是从地下水源取水；排水系统是采用渗漏、检修合用一套设备，还是分设两套系统；无调相任务的水电站，其制动供气是设置专用的低压空压机，还是自油压装置系统取高压气减压后供给；等等。

不同的水电站，由于具体条件不同，最优设计方案是不相同的。例如，我国南方的水电站和北方的水电站，多泥沙河流的水电站和清水河流的水电站，设计所考虑的技术内容就有很大区别。又如，电站自动化水平要求不同，所考虑的方案就可能有质的不同。地下厂房和地面厂房，高水头电站和低水头电站，它们的供排水系统各有自己的特殊要求而有显著的差别。设计人员必须充分发挥主观能动性，反复琢磨，精心设计，从具体情况出发，提出技术先进、切实可行、协调统一的设计方案，具体地解决实际问题。照抄照搬是做不出好的设计来的。

6.4.2　方案比较的内容

方案比较时，必须对拟定方案所设计的技术、经济条件进行全面、综合的分析，对其优缺点进行详细的比较，并结合必要的经济计算与分析，找出最优方案。

方案比较的具体内容如下：

（1）技术上：应在规定的工作条件下，符合工程的总体技术要求，充分发挥效益；具有较高的可靠性，操作简单，不易发生误动作，运行时不易发生故障，并考虑在可能发生事故时有报警及安全措施，设置有必要的备用系统，当工作系统故障时备用系统能及时投入工作，保证电力生产过程不间断地进行；维护方便，有较好的检修、安装工作条件，设备在制造、运输和布置各方面都能落实；采用先进技术，有一定的自动化水平。

（2）经济上：在一定的运行条件和运行时间内，支付的工程投资（包括材料、设备、劳务）和运行费用较节省，所获的收益较大；或者为了提高技术效果，虽然支付的材料、设备、劳务消耗要大些，但能从时间、效率、收益等方面在一定条件下予以有效补偿，也就是其净收益是有价值的。

技术和经济两个方面往往是相互矛盾的。单纯强调经济上节省、收益高，不注意技术上的合理、安全、可靠，或者只追求技术上的先进，不注意经济上的节省，都是片面的。

辅助设备系统对水电站总体来说是一个局部问题，因此必须了解这个局部和总体之间的相互影响和相互关系，按照工程总体的要求去研究如何发挥辅助设备的最有效作用。如果不着眼于整体去研究整个生产环节，即使对某个分系统进行最佳设计，但从整体来看未必是最佳的。例如，刘家峡水电站水轮机前要不要安设蝴蝶阀是一个局部的技术经济问题，从单机单管、水头不太高的技术条件看，不设置蝴蝶阀在经济上是有利的，但运行多年来导叶受河流中含沙水流磨损严重，造成停机时漏水量大，维护检修时发生问题，停机过程制动困难，成为一个不安全的因素。若把进水口快速闸门接入水轮机启动、停机自动回路，则将增长启动和停机时间。可以认为，从整体来看不设置蝴蝶阀是得不偿失的。

6.4.3　经济计算示例

1. 是否设置进水阀的经济比较

1）设置进水阀增加的投资费用

（1）进水阀设备费 C_1。

$$C_1=进水阀重量（t）\times 进水阀单价（千元/t）\times 年运行费比率$$

（2）增加起重设备费用 C_2：增加阀室起重机，或因设置进水阀而加大桥式起重机跨度，而使投资增大。

$$C_2=起重设备投资增大部分（千元）\times 年运行费比率$$

（3）厂房增加工程费 C_3：由于设置进水阀，厂房结构尺寸需加大，使厂房工程费增大。

C_3＝厂房工程费增加部分（千元）×年运行费比率

（4）因压力钢管增长而增加的工程费 C_4。

C_4＝钢管增长增加的工程费（千元）×年运行费比率

2）不设进水阀产生的费用

不设进水阀，进水口闸门采用快速关闭，增加费用 C_5。

C_5＝进水口闸门工程费增加部分（千元）×年运行费比率

3）进水阀水头损失造成的年损失费 C_6

$$C_6＝年发电量（kW \cdot h）\times \frac{水头损失 h_j（m）}{年平均有效水头（m）}\times 电价[元/（kW \cdot h）]$$

式中 　　$h_j = \zeta \dfrac{v_m^2}{2g}$（m）；

　　其中　　ζ——进水阀水力损失系数；

　　　　　　g——重力加速度；

　　　　　　v_m——年加权平均速度（m/s），其计算公式为

$$v_m^2 = \frac{v_1^2 T_1 + v_2^2 T_2 + \cdots + v_n^2 T_n}{\sum_{i=1}^{n} T_i}$$

　　其中　　v_1，v_2，$\cdots$，v_n——各种负荷时的流速；

　　　　　　T_1，T_2，$\cdots$，T_n——各种负荷时的运行小时。

4）导叶或进水阀漏水量造成的年损失费 C_7

C_7＝年平均有效水头（m）×漏水量（m³/s）×9.8×年平均效率（％）×

水轮机年停机时间（h）×电价[元/（kW·h）]

导叶漏水量的计算公式为

$$Q_{g \cdot v} = K_g \pi D_g \delta \sqrt{2gH_0}$$

式中　　K_g——导叶漏水系数，一般取 0.5～0.8。

　　　　D_g——导叶分布圆直径（m）。

　　　　H_0——年平均静水头（m）。

　　　　δ——导叶上、下间隙之和（m）。当导叶高 $b<0.5$ m 时，$\delta=0.5\times10^{-2}$ m；当 $b=0.5\sim1.0$ m 时，$\delta=0.6\times10^{-3}$ m；当 $b>1.0$ m 时，$\delta=0.7\times10^{-3}$ m；当导叶间隙设有橡皮止水时，$\delta=(0.1\sim0.2)\times10^{-3}$ m。

进水阀漏水量按厂家数据，可按下式估算：

蝴蝶阀：

$$Q_B = \frac{H_0 D}{3}\times10^{-6}$$

球阀：

$$Q_B = \frac{H_0 D}{3}\times10^{-7}$$

式中　　D——进水阀直径（m）。

年平均效率是指水轮机和发电机的总效率的年平均值，其计算公式为

$$年平均效率（\%）= \frac{Q_1 T_1 \eta_1 + Q_2 T_2 \eta_2 + \cdots + Q_n T_n \eta_n}{\sum\limits_{i=1}^{n} T_i Q_i}$$

式中：各流量 Q_1，Q_2，$\cdots$，Q_n 的运行时间分别为 T_1，T_2，$\cdots$，T_n，此时总效率分别为 η_1，η_2，$\cdots$，η_n。

5）不设进水阀时因钢管充水增加的年损失费 C_8

小修或检修转轮气蚀情况，每年有 2～4 次。不设进水阀时，应考虑由于钢管充水量损失所造成的电能损失。

$C_8 =$ 9.8×钢管充水水量（m^3）×年平均有效水头（m）×年平均效率（\%）×

$\dfrac{1}{3600}$（h/s）×年充水次数×电价 ［元/（kW·h）］

按上述分析，可分别列出两种经济情况：①不设进水阀情况；②设置进水阀情况，并将各自经济指标累加得出总费用 $\sum C$，以进行比较。

2. 水泵供水方式和自流供水方式的经济比较

1）采用水泵供水方式的年费用 C_P

$$C_P = \frac{9.8 Q h T a}{\eta_{PM}} + R_1 \lambda$$

2）采用自流供水方式的年费用 C_K

$$C_K = 9.8 Q H \eta_{\sigma T} a T + R_2 \lambda$$

式中　　Q——所需的冷却水量（m^3/s）；

　　　　h——满足冷却设备水压要求所需的水泵总扬程（m）；

　　　　T——年运行小时（h）；

　　　　a——电价 ［元/（kW·h）］；

　　　　R_1——采用水泵供水的有关设备费，包括备用泵费用（元）；

　　　　λ——供水系统设备的年运行费比率；

　　　　η_{PM}——供水泵及电动机总效率（\%）；

　　　　R_2——采用自流供水的取水设备费用，包括备用系统费用（元）；

　　　　H——年平均有效水头（m）；

　　　　$\eta_{\sigma T}$——机组的年平均效率（\%）。

6.5　设计成果

设计成果包括计算书、说明书、图纸三部分。

说明书是设计计算的原始材料，它记录了设计者在设计计算中所采用的方法、公式、数据、依据的资料，反映了设计计算的过程和结果，以及校核人、审阅人的校审意见。计算书是重要的工程技术档案，需长期或永久保存，供设计者本人或其他人查考。

说明书是设计单位对所作设计的说明和介绍，是供上级机关审批，供施工、安装、运行管理单位了解设计意图，以及供对外交流的技术文件。说明书的内容：设计所采用的基本资料和原始数据；设计中计算、比较、分析论证、试验、调查等的情况和成果；对各种方案选择推荐和剔除淘汰的理由；选定方案的基本数据、特点及存在问题。说明书中文字应突出重点、简明扼要，正确反映情况，准确说明问题。说明书中计算过程不需列出，熟知的道理、通用的公式不必介绍，计算方法不做烦琐的推导和引证。

图纸是工程的语言工具，它表达设计者的意图和设想，表示出工程建筑物及设备的布置、各部分尺寸及相对关系，是施工、安装、运行管理的主要依据。设计图纸应内容完整正确、图面清晰整齐，并有设计者、校核者、审查批准者的签字，以对工程负责。

第 7 章　机组水力参数的测量

7.1　概述

7.1.1　水力机组参数测量的目的

为了保证水电站的安全运行和实现经济运行，考查已投入运行机组的性能，促进水力机械基础理论的发展，提供和积累必要的数据资料，必须对水电站及机组的有关水力参数进行测量监视。其中有些是经常连续的检测，有些则是为某种特定的目的在试验时进行的测量。为此，现代化的水电站必须设置先进的、完整的水力监测装置。

7.1.2　水力机组参数测量的内容

现代科学技术的发展对电能质量提出了更高的要求，为此，必须进一步提高水电站的自动化程度。作为对水电站自动化水平有较大影响的水力监测装置，应适应这种形势，按照当代国际先进水平，逐步进行技术改造，大量采用新技术、新材料和新设备，把水力监测装置从目前的落后状态向前大大推进一步。这就要求大中型水电站能够在中控室或机旁盘对拦污栅前、后压差，水电站上、下游水位及装置水头，水轮机工作水头和引用流量等水力参数进行自动测量和自动记录；根据需要在某些机组上设置水轮机汽蚀、振动与轴向位移的测量装置；每台机组最好都能装设相对效率测量装置；现在水电站应采用以电子计算机为中心的综合监控系统。

水力监测系统的监测项目中有些是常规的连续测量和监视，有些则是为了特定的实验目的在试验时进行测量和监视。大中型水电站所设置的常规水力监测项目可分为全站性监测项目和机组段监测项目。全站性监测项目包括水电站上、下游水位，装置水头，拦污栅前、后压差等；机组段监测项目包括蜗壳进口压力，顶盖压力，尾水管进、出口压力，尾水管脉动压力，水轮机的工作水头及引用流量，尾水管内水流特性等。试验测量是指水轮机现场试验和现场验收试验的测量。根据需要，还要在某些水轮发电机组上设置水轮机汽蚀、压力脉动、真空度、振动与轴向位移、相对效率的测量装置。

水力监测装置由测量元件、非电量与电量之间的转换元件、显示记录仪表及连接管路和线路等几部分构成，它是水电站自动化系统的重要组成部分。水力监测系统必须与水电站的自动化水平相适应，不仅能实现对各种水力参数的测量，而且能与全站的监控系统实现数据信息共享，今后在大型和巨型水电站中还应采用以计算机监控为基础的综合监控系统。

7.2　电站水位和水头的测量

水位和水头的测量是水电站水力监测的重要内容之一。

7.2.1　水位和装置水头测量

上、下游水位测量是指上游水库（或压力前池）水位和尾水位的测量，水头测量可分为装置水头的测量和水轮机工作水头的测量两类。上、下游水位之差即为水电站的装置水头（或称毛水头、静水头）。

1. 测量目的

（1）根据水位－库容曲线按测定的水库水位确定水库的蓄水量，以制订水库的最佳运行方案。

（2）按水位确定水工建筑物、机组及其附属设备的运行条件，以确保安全运行和指导经济运行。

（3）按水位对梯级电站实行集中调度。

（4）对有通航要求的河流，可按水位指导通航，以保证航运安全。在汛期可按上游水位制订防洪措施。

（5）按下游水位推算水轮机吸出高度，为分析水轮机气蚀原因提供资料。

（6）根据上、下游水位之差求出的毛水头在能够同时测出水轮机工作水头的情况下，确定引水系统的水力损失。

（7）对转桨式水轮机可根据电站水头调节协联机构，实现高频率运行。

2. 测量方法

（1）直读水尺：最简单的水位装置是直读水尺，通常装在上游水库进水口附近（引水式水电站则设在调压井或压力前池）和下游尾水渠附近明显而易于观测的地方。基本方法是利用已有的水工建筑物，在上面刻以尺度，水尺刻度可按实际高程标注，最小刻度是厘米，因此，可以从水尺与水位的交界面上直接读出水位的实际高程。

直读水尺的长度依施测电站水位变化的最大幅度决定。这种方法的优点是直观而准确，缺点是观测不够方便，故多用于中小型水电站的水位测量，也可作为大中型水电站水位测量的辅助装置。

（2）液位计：大中型水电站都应利用自动装置对上、下游水位及静水头进行测量，目前常用的测量方法是采用浮标式遥测液位计和声波液位计。

（3）浮子式水位计：在需要测量的水面上装设一浮子，当水位发生变化时，浮子随之上下移动，用浮子、标尺可直接测量出水位的变化，如图7-1（a）所示。

当水位有遥测要求时，可在浮子测量系统的基础上配备远传与显示装置，进行水位的遥测与自动显示，如图7-1（b）所示。

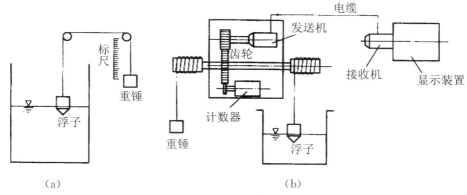

图 7－1　浮子式水位计的原理与结构

（4）投入式液位变送器：大中型水电站大多利用自动装置对上、下游水位进行测量。目前电站多采用投入式液位变送器测量上、下游水位。

投入式液位变送器是基于所测液体静压与该液体高度成正比的原理，利用扩散硅或陶瓷敏感元件的压阻效应，将压力信号转换成电信号，经过温度补偿和线性校正，变换成 4～20 mA DC 标准电流输出，远传至中央控制室，供二次仪表或计算机进行集中显示、报警或自动控制。投入式液位变送器的传感器部分可直接投入水中，变送器部分可用法兰或支架固定，安装使用极为方便。

投入式液位变送器为标准化和系列化产品，能很好地与数据采集系统兼容，可根据使用环境、测量量程和输出信号的类型等选择合适的产品型号。

（5）超声波水位计测量：超声波水位计通过安装在空气或水中的超声波换能器，将具有一定转播速度的声脉冲波定向朝水面发射。此声波束到达水面后被反射，部分反射回波由换能器接收并将其转换成电信号。从超声波发射到被重新接收，其时间与换能器至被测物体的距离成正比。检测该时间，根据已知的声速就可计算出换能器到水面的距离，然后再换算为水位。

换能器安装在水中的，称为液介式超声波水位计。换能器安装在空气中的，称为气介式超声波水位计。后者为非接触式测量。

超声波水位计的工作原理如图 7－2 所示。

换能器发射到水面的距离的计算公式为

$$h = \frac{1}{2}vt \qquad (7-1)$$

式中　　v——超声波在空气中的传播速度
（m/s）；

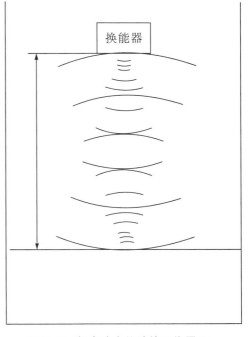

图 7－2　超声波水位计的工作原理

t——从超声波发射到返回的时间（s）。

3. 水位测点的布置

水电站对上、下游水位进行测量时，在拦污栅前、后各设一测点，在尾水出口处设一测点，如图7-3所示。

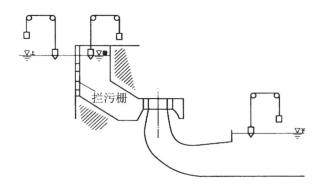

拦污栅

图7-3 水电站上、下游水位测点

4. 装置水头的测量

水电站装置水头的测量主要有两种途径：一种是根据对电站上、下游水位的测量结果，通过计算获得；另一种是将上、下游的压力水引至一差压测量装置，所测得的差压即为电站的装置水头。

7.2.2 工作水头的测量

1. 水轮机工作水头的含义

水轮机的工作水头是指真正作用于水轮机工作轮使其做功的全部水头。依据这个水头和通过水轮机的流量，就可确定水轮机的最大出力。这样在测得轴输出功率的情况下就可以用轴端功率和上述最大出力的比值确定水轮机的效率。因此，水轮机的工作水头是机组运行中的一个重要参数。

水轮机工作水头在数值上等于水轮机进出口水流的总比能之差。下面分述反击式水轮机和冲击式水轮机工作水头的具体表示方法。

（1）反击式水轮机的工作水头（见图7-4），其计算公式为

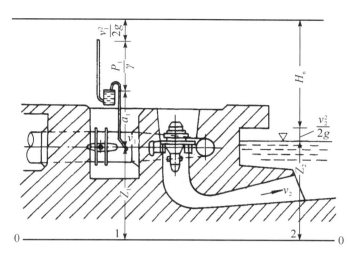

图 7-4　反击式水轮机的工作水头

$$H = (Z_1 + a_1 - Z_2) + 10^{-4}P_1 + \frac{v_1^2 - v_2^2}{2g} \qquad (7-2)$$

式中　　Z_1——蜗壳进口断面测点高程（m）；

　　　　a_1——测压仪表到测点的距离（m）；

　　　　Z_2——尾水位高程（m）；

　　　　P_1——压力表读数（Pa）；

　　　　v_1，v_2——蜗壳进口与尾水管出口流速（m/s）；

　　　　g——重力加速度（m/s^2）。

（2）冲击式水轮机的工作水头（见图 7-5），其计算公式为

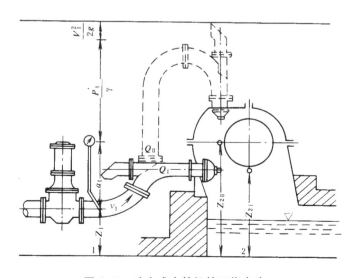

图 7-5　冲击式水轮机的工作水头

单喷嘴：

$$H = (Z_1 + a_1 - Z_2) + 10^{-4}P_1 + \frac{v_1^2}{2g} \tag{7-3}$$

式中　　Z_2——射流中心与转轮节圆切点的高程（m）；

其他符号的意义与式（7-2）相同。

双喷嘴：

$$H = \frac{Q_{\mathrm{I}}}{Q_{\mathrm{I}} + Q_{\mathrm{II}}}(Z_1 + a_1 - Z_{2\mathrm{I}}) + \frac{Q_{\mathrm{II}}}{Q_I + Q_{\mathrm{II}}}(Z_{\mathrm{I}} + a_1 - Z_{2\mathrm{II}}) + 10^{-4}P_1 + \frac{v_1^2}{2g}$$

$$\tag{7-4}$$

式中　　Q_{I}，Q_{II}——分别为两喷嘴的流量（m³/s）；

其他符号意义如图 7-5 所示。

2. 水轮机工作水头的测量方法

从上述两种形式水轮机的工作水头表达式可以看出，水轮机的工作水头一般由位置水头、压力水头、速度水头三部分组成。

上述公式中，Z_1、Z_2 表示的是位置水头，当仪表安装完毕一次测准后即为常数（对于反击式水轮机，Z_2 不是常数，它随流量的变化而变化，可通过流量与尾水位的关系曲线查得），无须经常测量。$\frac{v_1^2}{2g}$、$\frac{v_2^2}{2g}$ 表示的是速度水头，它虽然是随工况的不同而变动的参数，但可根据实测的水轮机流量和相应的过流断面换算得出，当电站的水头较高时，因速度水头所占比例较小，可以忽略不计；当电站水头较低时，不能略去不计，否则会影响测量的精度。P_1 所表示的是压力水头，不论对哪种形式的水轮机，这部分水头所占的比重都很大，因此必须对其进行专门的直接测量。

压力水头通常有下列两种测量方法：

（1）用压力表或压力变送器直接测量蜗壳进口处的压力值。这种测量方法的缺点是不能把随时变动着的尾水位因素包括进去，因此精确度不够高。

（2）用压差计或差压变送器测量蜗壳进口和尾水管出口的压力差。这种测量方法克服了第一种方法的缺点，提高了测量精度。

3. 测量仪表

在现有仪表产品中，可用于水轮机工作水头测量的仪表很多，大体可分为压力表、差压计，以及压力、压差变送器三大类。

1）压力表

在水电站中，常用的压力表有 Y 型普通压力表和 YB 型标准压力表两种。前者为一般压力表，后者为精密压力表，它们同属于弹式压力表的范围。

弹式压力表是一种应用极广泛的测压仪表，其工作原理是利用弹性敏感元件（如单圈弹簧管、多圈螺旋弹簧管、膜片、膜盒、波纹管或板簧等）在被测介质的压力作用下，产生相应的位移，此位移经传动放大机构将被测压力值在刻度上指示出来。若增设附加装置，则可制成压力记录仪、电接点压力表和压力控制报警器等。弹性式压力表结构简单、使用方便，价格低廉，且其测量范围很宽，可用来测量真空度、微压、低压、中压和高压，因此在工业领域中已得到极其广泛的应用。

2）差压计

用压力表测量水轮机的工作水头时，往往只能读取蜗壳进口的压力值，没有计入尾水位波动的影响。利用差压计测定蜗壳进口和尾水管出口的压差，则可避免上述缺点。测量方法如图 7-6 所示。常用的有双波纹管差压计、膜片式差压计和双管式差压计。其中，双波纹管差压计已如前所述，膜片式差压计中的膜片测压原理也在有关部分述及，故现在仅对双管式差压计予以介绍。

双管式差压计属液柱式压力计的一种。液柱式压力计是基于液体静力作用原理而工

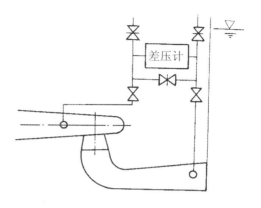

图 7-6　水轮机工作水头测量示意图

作的，在水轮机工作水头测量中往往利用 U 形测压管，这是一种结构简单、制造容易又有一定精度的压力仪器。当压差较大时，为了不增加 U 形管的高度，可将多个 U 形差压计串联使用。

液柱式压力计常用的工作液见表 7-1。

表 7-1　液柱式压力计常用的工作液

工作液名称	水银	水	乙醇	乙醚	甲苯	甘油	溴化乙炔	四氯化碳
分子式	Hg	H_2O	C_2H_5OH	C_7H_8	$C_8H_8O_2$	$C_3H_8O_2$	C_2HBr_4	CCl_4
温度 20℃时的质量分数（g/cm^3）	13.54	0.998	0.790	0.712	0.864	1.257	2.980	1.594
附注	长期接触会引起水银中毒	要求纯净	是一种麻醉剂，但溶解度高	具有很大的挥发性，容易引发爆炸	有一定毒性，刺激神经	无毒，需用无水甘油		毒性较大，附着力大

当电站装有自动巡回检测装置或计算机综合监控系统时，压力、压差传感器将是这一系统的必要条件之一。有关 DDZ—Ⅲ型仪表中差压送变器的工作原理已在《动力设备测试技术》一书中述及，在此不再复述。

4. 测量仪表的选择

1）仪表形式的选择

在对水轮机工作水头进行测量时，应根据电站的具体情况选择仪表的形式。若仅作为一般精度的现地测量，则可选用 Y 型普通压力表；若作为经常性的较准确的水头测量，则可选用双波纹管差压计或膜片式差压计；若电站装有自动巡回检测设备或计算机监测系统，则可选用压力、压差变送器；在进行水力机组有关试验时，为保证精度，需选用 YB 型标准压力表或 U 形差压计。

2）仪表量程的选择

在选择之前，需计算仪表可能承受的最大压力，并以此作为被测压力的最大值。被测压力的最大值应是最大作用水头与水锤附加值之和。

压力表的量程上限按下列两种情况分别确定：在稳定负荷（所测压力每秒变化速度不大于仪表满刻度的 1%）下，被测压力的最大值不超过仪表量程的 3/4；在波动负荷（所测压力每秒变化速度大于仪表满刻度的 1%）下，应不大于仪表满量程的 2/3。同时应尽量满足被测压力的最小值不小于仪表满量程的 1/3，这样就会使仪表弹性元件基本工作在线性段，保证测量精度。

差压计或压力、压差变送器，全量程内线性度均较高，且一般都具有过载保护装置，在超压情况下不致造成仪表损坏，故仪表量程上限可按被测压力最大值选择。

7.3 水轮机引、排水系统的监测

水轮机引、排水系统特性是水电站与水力机组的重要动力特性之一，为此，需对水轮机引、排水系统有关参数进行监测。

水轮机引、排水系统的水力监测包括进水口拦污栅前后压力差、蜗壳进口压力、水轮机顶盖压力、尾水管进口真空及其他特性断面压力等方面的测量。此外，在寒冷地区还要设置冰凌监测，根据电站的需要还可能设置钢管防爆保护装置。

水轮机引、排水系统水力监测的目的是直接为电站的安全和经济运行服务的。通过对引、排水系统各水力参数的监测，使运行人员随时了解在不同工况下引、排水系统各部分的实际情况（如压差、压力、真空度、水头损失等），以便对机组乃至整个电站进行必要的操作。当电站具有计算机综合监控系统时，过水系统有关水力参数将是其不可缺少的信息。

7.3.1 进水口拦污栅前后压力差的测量

拦污栅在清洁状态时，其前后的水位差只有 2~4 cm。当被污物堵塞后，其前后压力差将会显著增加，轻则会影响机组出力，重则导致压垮拦污栅的事故。因此，一般水电站是要设置拦污栅前后水位监测设备的，以便随时掌握拦污栅的堵塞情况，及时进行清污，确保水电站的安全和经济运行。

1. 拦污栅的水力损失

正常情况下拦污栅的水力损失的计算公式为

$$h_w = \xi \frac{v^2}{2g} \tag{7-5}$$

$$\xi = \beta \left(\frac{b}{s} \right) \sin\alpha$$

式中 ξ——拦污栅的阻力系数；

v——栅前平均流速（m/s）；

b——栅条宽度（cm）；

s——栅条净宽（cm）；

α——栅条与水平面的夹角；

β——与栅条形状有关的系数，见图 7-7。

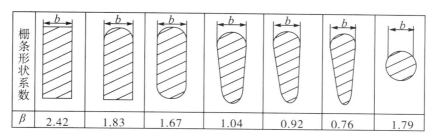

图 7-7　拦污栅栅条形状系数

2. 监测仪表

可用来作为拦污栅前后压力监测的仪表有 UYF-2 型浮子式遥测液位计、双波纹管差压计和 DBC 型差压变送器。应根据电站的自动化程度和允许布置仪表的条件选用。

当电站上游水位由 UYF-2 型浮子式遥测液位计监测时，可在拦污栅后再装一个同样的液位计，配合 XBC-2 型接收器对拦污栅前后水位差进行监测。因 XBC-2 型接收器无报警装置，需另配报警仪表。也可选用 CDW-288 型双波纹管差压计，这种仪表不但具有现场指示，而且带有电接点报警装置，使用比较方便。

当选用差压仪表时，仪表必须布置在上游最低水位以下。对于坝后式、河床式电站，差压发信器一般可布置在坝体廊道或主厂房内水轮机层，二次仪表布置在中控室，当发信器监测到压差达到一定值时，则向中控室发出信号。这种信号一般分清理信号和停机信号两种，其中，清理信号通常按拦污栅被堵塞 1/3 的面积所造成的落差确定；停机信号按拦污栅的强度考虑。

当电站具有自动巡检系统或计算机综合监控时，拦污栅前后压差还可以选用 DBC 型差压变送器，以便与其他 DDZ-Ⅲ 型仪表配合使用。

7.3.2　蜗壳进口压力的测量

在水轮机引水系统中，蜗壳进口断面的特性具有较大的意义，因此，所有机组都毫不例外地装设蜗壳进口压力测量装置。

在正常运行时，测量蜗壳进口压力是为了考查压力钢管末端的实际水头值以及在不稳定流作用下的压力波动情况；在机组做甩负荷试验时，可以在蜗壳进口测量水锤压力的上升值及其变化规律；在做机组效率试验时，可通过蜗壳进口测量水轮机工作水头中的压力水头部分；在进行机组过渡过程研究试验中，可用来与导叶后测点压力比较，确定导叶在一定运动规律下的水力损失变化情况，此时蜗壳进口压力相当于导叶前的压力。

测量蜗壳进口压力所需的仪表一般选用高精度的压力表，当有信号输出要求时，可用 DBY 型压力传感器。

在选用仪表量程时，应在被测压力最大值的基础上留有一定的余量。

被测压力的最大值可按下式计算：

$$H_{max} = (\nabla_1 - \nabla_2) - \frac{Q^2}{2gF^2} + \Delta H \qquad (7-6)$$

式中　　∇_1——上游最高水位（用校核洪水位）（m）；

　　　　∇_2——仪表安装高程（m）；

　　　　F——水锤压力升高值（m^2）；

　　　　ΔH——水锤压力上升值（mH_2O）；

　　　　Q——最大水头满出力时的流量（m^3/s）。

7.3.3　水轮机顶盖压力的测量

水轮机顶盖压力测量的目的是通过顶盖下部的压力了解止漏环的工作情况，为改进止漏环的设计提供依据。

在正常运行条件下，转轮上止漏环的漏水经由转轮泄水孔和顶盖排水管两路排出。当止漏环工作不正常使泄漏的水突然增多，泄水孔与排水管发生堵塞现象时，顶盖压力就会加大，从而导致推力轴承负荷的超载，使推力轴承温度升高，恶化了润滑条件。为此，应对水轮机顶盖压力予以监测。此外，近期提出的从顶盖取用机组技术供水的方案，经电站试用，效果良好，这就要求供水压力保持在一定范围内，因止漏环漏水量与机组的出力有关，所以必须随机组出力的增加逐渐开启泄水孔的阀门，以调整顶盖内的压力，避免出现超值现象。这样一来，就要求水轮机顶盖测压仪表不但能指示压力值，而且还要在适当压力值时发出信号，用以阀门和远方显示。

测量仪表在无特殊要求的情况下，可选用普通压力表，有自动巡检系统或顶盖取水装置时应选用压力传感器。具体测点位置由设计单位和制造厂商共同商定，故仪表一般由制造厂统一供货。

7.3.4　尾水管进口真空的测量

测量尾水管进口断面的真空度及其分布，其目的是分析水轮机发生汽蚀和振动的原因，以及检验补气装置的工作效果。

由于尾水管的水流具有一定程度的不均匀性，因此要准确地测出尾水管进口断面上的压力分布，就必须沿测压断面半径上的各个点对流速和压力进行测量，这只能在模型水轮机中近似地做到，在原型机组是很难做到的。因此，实际电站在测量尾水管进口真空度及其分布时，只测边界上的平均压力和流速。为了得到压力和流速的平均值，往往在尾水管进口断面上将各测点用均压环管连接起来后，再由导管接至测压仪表。

为正确选择仪表，就必须对尾水管进口断面可能出现的有静压绝对压力和全压绝对压力进行区分，现分别计算如下。

1. 静压压力真空表量程计算及选择

为计算尾水管进口断面可能出现的最大真空度，就必须首先计算该处可能出现的最小绝对压力值。

（1）进口断面边界上静压绝对压力的计算：图 7-8 为尾水管过流断面，设其进口为Ⅲ—Ⅲ断面，出口为Ⅴ—Ⅴ断面，列出两断面的伯努里方程：

$$\nabla_3 + \left(\frac{P_3}{\gamma}\right)_{\text{静}} + \frac{v_3^2}{2g} = \nabla_5 + \frac{P_a}{\gamma} + \frac{v_5^2}{2g} + h_w$$

经移项合并得

$$\left(\frac{P_3}{\gamma}\right)_{\text{静}} = (\nabla_5 - \nabla_3) + \frac{P_a}{\gamma} + \frac{v_5^2 - v_3^2}{2g} + h_w \qquad (7-7)$$

式中　　$\left(\dfrac{P_3}{\gamma}\right)_{\text{静}}$——进口断面边界上静压绝对压力（mH$_2$O）；

　　　　∇_5，v_5——下游水位高程（m）和出流平均流速（m/s）；

　　　　∇_3，v_3——尾水管出口断面高程（m）和平均流速（m/s）；

　　　　$\dfrac{P_a}{\gamma}$——当地大气压强（mH$_2$O）；

　　　　h_w——尾水管进口至出口的水头损失（mH$_2$O）。

（2）进口断面 5 边界上最小静压绝对压力的计算：该处的最小静压绝对压力值出现在下游尾水位最低，同时又产生最大负水锤（即水轮机导叶开度在很短时间内自 100％关到 0）的情况下，此时，进口断面边界上最小静压绝对压力的计算公式为

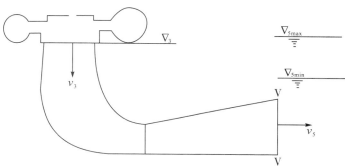

图 7-8　尾水管过流断面

$$\left(\frac{P_3}{\gamma}\right)_{\text{静min}} = (\nabla_{5\text{min}} - \nabla_3) + \frac{P_a}{\gamma} + \frac{v_5^2 - v_3^2}{2g} + h_w - \Delta H \qquad (7-8)$$

式中　　$\nabla_{5\text{min}}$——下游可能出现的最低尾水位高程（m）；

　　　　∇H——运行中可能出现的最大负水锤（mH$_2$O）；

　　　　其他符号意义同式（7-7）。

（3）进口断面边界上最大真空度的计算：最小静压绝对压力值$\left(\dfrac{P_3}{\gamma}\right)_{\text{静min}}$与大气压力之差即是该断面上的最大真空度$\left(\dfrac{P_B}{\gamma}\right)_{\text{静max}}$，其计算公式为

$$\left(\frac{P_B}{\gamma}\right)_{\text{静max}} = \frac{P_a}{\gamma} - \left(\frac{P_3}{\gamma}\right)_{\text{静min}} = \nabla_3 - \nabla_{5\text{min}} + \frac{v_3^2 - v_5^2}{2g} - h_w + \Delta H \qquad (7-9)$$

式（7-9）表明了进口断面最大真空度的四个相关因素及其影响程度。

（4）进口端面边界上最大压力值的计算：该处的最大压力值出现在下游尾水位最高，同时又产生最大正水锤（即水轮机导叶开度自 0 突然开到 100％）的情况下，此时，进口断面边界上最大压力值的计算公式为

$$\left(\frac{P_3}{\gamma}\right)_{\text{静max}} = (\nabla_{5\text{max}} - \nabla_3) + \Delta H \qquad (7-10)$$

式中　　$\nabla_{5\text{max}}$——下游可能出现的最高尾水位高程（m）；

ΔH——运行中可能出现的最大正水锤（mH_2O）。

（5）仪表的选择。

因此处有时出现负压，有时出现正压，因此，可选用压力真空表。具体选择方法是按 $\left(\dfrac{P_3}{\gamma}\right)_{\text{静max}}$ 选择仪表的正压量程和按 $\left(\dfrac{P_B}{\gamma}\right)_{\text{静max}}$ 选择仪表的负压量程。

常用压力真空表的型号及主要参数见表7-2。

表7-2　常用压力真空表的型号及主要参数

型号	测量范围	精度等级	表壳直径（mm）	接头螺纹
YZ—100	压力：1，1.6，2.5，3，4，5，6，…，10^5 Pa 负压：-760 mmHg	1.5 2.5	$\phi100$	M20×1.5
YZ—150	压力：1，1.6，2.5，3，4，5，6，…，10^5 Pa 负压：-760 mmHg	1.5 2.5	$\phi150$	M20×1.5

2. 全压压力真空表量程计算及选择

所谓全压压力，即在静压压力的基础上计入尾水管中切向流速 v_u 的影响。

（1）进口断面边界上全压绝对压力的计算：根据上述定义，该处最小全压绝对压力的计算公式为

$$\left(\frac{P_3}{\gamma}\right)_{\text{全min}} = \left(\frac{P_3}{\gamma}\right)_{\text{静min}} + \frac{v_{u3}^2}{2g} \tag{7-11}$$

式中　　v_{u3}——尾水管进口断面的切向流速（m/s），$v_{u3} = \dfrac{\Gamma}{\pi D_3}$；

Γ——速度环量（m^2/s），$\Gamma = K\dfrac{Q}{D_3}$；

其中　　Q——额定流量（m^3/s）；

D_3——尾水管进口直径（m）；

K——环量系数，一般取 0.6～0.7。

（2）最大真空度的计算公式为

$$\left(\frac{P_B}{\gamma}\right)_{\text{全max}} = \frac{P_a}{\gamma} - \left(\frac{P_3}{\gamma}\right)_{\text{全min}} \tag{7-12}$$

（3）最大压力值及仪表的选择与静压压力雷同，不再复述。

3. 真空度按锥形管截面的分布

有了尾水管进口端面的真空度值，就可以根据沿锥段轴线方向各个断面的环量相等的原则求出真空度按锥形管截面的分布。

由 $\Gamma = 2\pi R v_u$ 和 $v_u R = C$（常数）得出

$$v_u^2 = \frac{C^2}{R^2} = \left(\frac{\Gamma}{2\pi}\right)^2 \cdot \frac{1}{R^2} \tag{7-13}$$

代入尾水管锥段一般表达式中，可得

$$\frac{P_{Bx}}{\gamma} = \frac{P_a}{\gamma} - \left[\frac{P_x}{\gamma} + \left(\frac{\Gamma}{2\pi}\right)^2 \cdot \frac{1}{R_x^2} \cdot \frac{1}{2g}\right] \tag{7-14}$$

式中，$\dfrac{P_{Bx}}{\gamma}$，$\dfrac{P_x}{\gamma}$，R_x 分别为尾水管锥段某一横截面边界上的真空度、绝对压力，以及所在位置的半径。

根据式（7-14）可给出真空度沿尾水管锥管段轴截面的分布图，如图 7-9 所示。

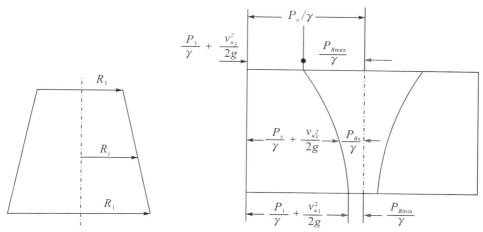

图 7-9　真空度沿尾水管锥管段分布图

7.3.5　尾水管水流特性的测量

尾水管的形状及其工作情况对于水轮机的效率、汽蚀和运行的稳定性都有密切的关系。尾水管内部水流情况又与尾水管的形状和水轮机的工作状态有关。经实验表明，尾水管内部的水流情况是很复杂的，有时在尾水管内部引起严重的局部汽蚀现象，破坏了机械设备和水工结构；有时产生强烈的压力脉动，影响了机组运行的稳定性。因此，测量尾水管各有关断面的流速和压力分布，借以分析其工作情况，找出机组发生汽蚀和振动的原因，这对于提高水电站的安全运行、改进设计和进行有关的科学研究都是十分必要的。

尾水管水流特性测定的主要内容是测量各特性断面的压力及旋转强度，一般至少在尾管锥段入口、出口、肘段、扩散段入口、出口选五个测量断面，每个断面取四个测点。其中，Ⅲ—Ⅲ 和 Ⅰ—Ⅰ 断面的测点在考虑喷嘴时不但能测静压力，还应能测量全压力，如图 7-10 所示。

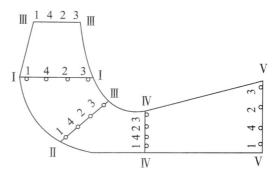

图 7-10　尾水管测压断面图

进行尾水管水流特性的测定，往往是为探求下列数据：

（1）水轮机在正常运行时，尾水管各特性断面的流速及平均压力，由此计算出尾水管各段的水力损失。

（2）水轮机在低负荷运行时水流旋转情况，以及伴随水轮机的汽蚀、振动和出力摆动等情况而发生的各端面水流压力脉动现象。

尾水管水流特性测量所用的仪表，通常是压力表、真空表和压力真空表；也可采用差压计或差压变送器通过一定的管网联入测量系统，以便任意选测两个断面之间的压差。

将所测得的结果，按要求分别进行下列计算：

（1）尾水管水力损失的计算公式为

$$h_w = (z_3 - z_5) + (\frac{P_3 - P_5}{\gamma}) + (\frac{v_3^2 - v_5^2}{2g}) \qquad (7-15)$$

式中　　z_3，z_5——分别为尾水管进口与出口断面的高程（m）；

　　　　P_3，P_5——分别为尾水管进口与出口断面的压力（Pa）；

　　　　v_3，v_5——分别为尾水管进口与出口端面的平均流速（m/s），计算公式为

$$v_3 = \frac{Q}{F_3}, \quad v_5 = \frac{Q}{F_5}$$

其中　　Q——相因时刻的过流量（m³/s）；

　　　　F_3，F_5——分别为尾水管进口与出口端面的面积（m²）。

（2）尾水管效率的计算公式为

$$\eta_0 = \frac{v_3^2 - v_5^2/2g - h_w}{v_3^2/2g} \qquad (7-16)$$

当然式（7-15）、（7-16）也可以应用到尾水管的任意两断面。此时，即可求出该两断面间的水力损失及效率。

7.4　水轮机流量的测量

7.4.1　概述

1.　水轮机流量测量的意义与目的

水轮机流量的测量对于实现水电站经济运行有着特殊的意义。所谓水电站的经济运行，是指在保证一定出力的情况下，使总的耗水量为最小；或者说在一定流量下使机组出力为最大。总之，要设法使机组在进行能量转换时达到总效率为最高。但人们往往只知道模型水轮机在相应的工况下的效率，原型水轮机的效率在设计时是利用相似定律由模型效率换算而来的。实践证明，原型水轮机的效率由于各种原因与用模型效率换算出来的数值并不一致，有时甚至有较大的差异。因此，机组投入运行后，应该进行现场效率试验，得定原型水轮机在各种工况下的效率特性。

水轮机流量测量的目的在于以下几点：

（1）利用比较精确的方法测定水轮机的流量及其他的参数，以便准确地测定原型水轮机的真实效率。

（2）通过各种工况的原型机组效率试验，得出机组或电站在各种不同出力下的效率与耗水率值，据此绘制总效率曲线和总耗水率曲线，制订机组之间或电站之间的负荷合

理分配方案。

（3）根据各机组在一段时间的耗水量，可以准确掌握水库的操作情况，求出水库的漏水量。

流量测量对于泵站的经济运行也具有重要意义。我国已建成的机电排灌站约 50 万座，总装机容量达 5000 多万千瓦，排灌面积达 4.5 亿亩。因此，发展和完善测流技术，为泵站节能、节水提供科学依据，对于管好用好现有泵站，充分发挥其经济效益是十分重要的。

2. 水轮机流量测量的特点

原型水轮机与一般工业中的测流相比，具有如下一些特点：

（1）由于通过水轮机的流量值很大（如葛洲坝电站 ZZ560—LH—1130 水轮机设计流量为 1130 m^3/s），因此实验室使用的精密测流方法（如容积法和堰流法等）在水电站现场几乎都不适用，而且测流方法的采用也往往受到水轮机进水流道和出水流道的结构和布置的限制。

（2）水轮机管道内流速分布呈现事实上无法进行理论处理的复杂现象，水流速度分布曲线不规律，而且时刻随着水轮机工况的变化而变化着。

（3）试验的测定和组织工作十分复杂，为了正常供电，安装时间和试验次数均受到限制。

（4）要使用高精度和高灵敏度的电测法仪表和测定装置，准备工作、试验程序和结果整理、计算规模也较大。这与实验室条件完全不一样，因此，要提高测量精度，比较困难。

3. 水轮机流量测量的基本方法

水电站采用的机组流量测量方法有流速仪法、蜗壳差压法、超声波法、示踪法、堰流法、水锤法。

上述流量测量方法中，示踪法施测工作量大，操作技术比较复杂，不能用于运行监测，从而限制了其在水电站中的广泛应用；堰流法对施测条件有一定要求，一般用于小型水电站流量测量；水锤法测流精度较高，但对施测管道有一定要求，使其应用范围受到一定限制，并且不能用于流量的实时测量。目前，水电站常用的流量测量方法是流速仪法、蜗壳差压法和超声波法。

7.4.2　水轮机蜗壳测流

1. 蜗壳测流的基本原理

蜗壳测流是测量通过水轮机流量最简便的一种方法，大中型水轮机的运行测流都无例外地采用蜗壳测流法。

蜗壳中的水流是按等速度矩定律分布的，即 $v \cdot \cos\alpha \cdot R = v_u \cdot R = \text{const}$。这样距机组中心越近，流速越大，压力越低；反之，流速越小，压力越高。因此，蜗壳任一断面上距机组中心不同的两点间存在压力差。蜗壳测流原理就是利用差压计测定蜗壳中两点的压差 h，并从压差 h 与流量 Q 之间的关系来确定水轮机的流量。

下面讨论当流量变化时，在蜗壳里任意两点的压差将怎样变化，求出其关系式 $Q =$

$f(h)$。计算是从水流的相似性出发的，即从任一点处的流速值与通过蜗壳的流量关系出发。

如图 7—11 所示，假定在流量为 Q 时 1 和 2 处的压力水头（应以同一平面作比较）等于 P_1/γ 和 P_2/γ，流速分别为 v_1 和 v_2；而当流量为 Q' 时，相应的压力水头为 P_1'/γ 和 P_2'/γ，流速为 v_1' 和 v_2'。若不计局部损失，则当流量为 Q 时，两点间的压差为

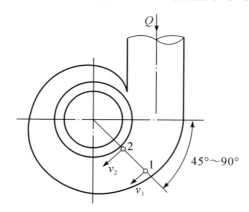

图 7—11 蜗壳水流示意图

$$h = \frac{P_1}{\gamma} - \frac{P_2}{\gamma} = \frac{v_2^2}{2g} - \frac{v_1^2}{2g} \qquad (7-17)$$

同样，当流量为 Q' 时，两点间的压差为

$$h' = \frac{P_1'}{\gamma} - \frac{P_2'}{\gamma} = \frac{v_2'^2}{2g} - \frac{v_1'^2}{2g} \qquad (7-18)$$

根据水流相似条件有

$$\frac{v_1'}{v_1} = \frac{v_2'}{v_2} = \frac{Q'}{Q} = C$$

由此可得 $v_1' = Cv_1$，$v_2' = Cv_2$，$Q' = CQ$。

将所得的 v_1'、v_2' 带入式（7—18），得

$$h' = C^2 \frac{v_2^2 - v_1^2}{2g} = C^2 h$$

$$\frac{h'}{h} = C^2，\qquad \frac{Q'}{Q} = C$$

$$\frac{Q'}{Q} = \sqrt{\frac{h'}{h}} \quad 或 \quad Q = K\sqrt{h} \qquad (7-19)$$

这就是我们所要求解的 $Q = f(h)$ 关系式。式中，K 是一个待定的系数，称为蜗壳流量系数。

国内外许多水电站的现场试验证明：水轮机蜗壳，无论是高水头的圆形金属蜗壳，还是低水头的 T 形混凝土蜗壳，流量 Q 都相当准确地正比于不同半径上两点压差 h 的平方根。蜗壳流量系数 K 对某一蜗壳上两个固定测量孔而言是一常数，对不同机组蜗壳或同一蜗壳不同测压孔而言，K 是另一不同的常数。由于 K 是一常数，故通过水轮机流量 Q 与蜗壳压差 h 的平方根是一通过坐标原点的直线。

许多电站现场试验表明：蜗壳流量系数 K 在不同水头下仍保持为一常数。在水头不大于 10 m 的低水头电站，流量与压差有时可能不符合平方根的关系，所以低水头电站在利用 $Q = K\sqrt{h}$ 关系时要进行修正。

2. 测压孔的布置与计算

1）测压孔的布置

为了得到准确的水轮机流量与蜗壳压差的关系式，必须很好地选择测压断面和测压孔的位置。许多现场试验资料说明：测压断面应选在蜗壳的前半部当水流旋转 $45° \sim 90°$ 的地方，如图 7 −12 所示的断面。因此，该处水流已受到离心力的作用，符合等速度矩定律，并且有较大的流量通过此断面。

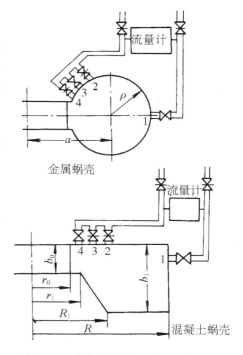

金属蜗壳

混凝土蜗壳

图 7−12 蜗壳测压断面测压孔的布置

测压孔可以布置在同一径向断面上，也可以布置在蜗壳的任意两点，只要能符合所希望得到的压差值。必须考虑水轮机固定导叶及其他任何凸出（如纵横焊缝）或凹入（如孔眼）部分对水流压力变化的影响。为了减少这些影响，同时为了获得较大的压差，测压孔应设在离旋转中心最远的地方，即蜗壳的外缘壁上。

为了适应流量的变化，通常在蜗壳内缘设置 $2 \sim 3$ 个低压孔，如图 7−12 所示。测量时，根据仪表量程和流量变化范围选用其中一个低压孔，以保证所希望的压差。当流量小时，为了获得能使仪表工作的压差，两测压孔之间的距离应尽量大，故低压孔应选用靠近水轮机轴线的 4 号孔。当流量很大时，两测压孔之间的距离应缩小，低压孔离水轮机轴线应远些，即选用 3 号或 2 号孔，以免压差太大，超出仪表量程范围。但测压孔变更之后，蜗壳流量系数 K 值亦随之变化，故流量计盘面应按相应的 K 值来刻度。

2）测压孔的选择计算

测压孔的选择计算包括以下两方面的内容。

（1）在水头为定值的情况下，已知两测压孔之间的距离，求所需仪表的量程。

已知蜗壳上任意两点之间的压差，可用下式表达：

$$h = \frac{P_1}{\gamma} - \frac{P_2}{\gamma} = \frac{v_{u2}^2 - v_{u1}^2}{2g}$$

在上式中，还应考虑某些不符合等速度矩定律的因素，特别是当测量断面选在蜗壳起始段时，水流在这里虽已改变其原来的均匀流动状态，但还没有重新分配好，所以应引入一个小于 1 的系数 α，即

$$h = \alpha \frac{v_{u2}^2 - v_{u1}^2}{2g} \tag{7 − 20}$$

假定进口平均流速 v_{cp} 等于断面中心处的（此处与机组中心距离为 R_0）流速 v_{u0}，即

$$v_{u0} = v_{cp} = \frac{Q}{F}$$

式中　　Q——通过水轮机蜗壳进口的流量（$\mathrm{m^3/s}$）；

　　　　F——蜗壳进口截面面积（$\mathrm{m^2}$）。

由 $v_{u0} \cdot R_0 = C$，算出 C 值，再根据 $v_{u1} = C/R_1$ 和 $v_{u2} = C/R_2$，代入式（7—20），得

$$h = \frac{\alpha C^2}{2g} \left(\frac{R_1^2 - R_2^2}{R_1^2 \cdot R_2^2} \right) \tag{7—21}$$

（2）在已知外测压孔到机组中心距离 R_1 和差压计的最大量程 $h_{\max}$ 时，求测压孔到机组中心的距离 R_2。

首先用近似法算出 C 值，然后利用下式进行计算：

$$R_2 = \frac{\sqrt{\alpha} \cdot C \cdot R_1}{\sqrt{\alpha C^2 + R_1^2 \cdot 2gh}} \tag{7—22}$$

式中，h 以 $\mathrm{mH_2O}$ 为单位。

3）蜗壳常数 C 的准确解

从上述的计算过程可知，在确定蜗壳常数 C 时，采用了 $v_{u0} = v_{cp}$ 的假设，这必然给 C 值的计算带来误差。为了提高计算的准确度，就必须用比较准确的方法求解蜗壳常数 C 值。下面分别介绍常用的图解法和数解法。

（1）图解法：水轮机的全部流量是沿蜗壳圆周方向均匀地流入导水机构的，故流经蜗壳测量端面的流量可用下式表示：

$$Q_\varphi = \frac{\varphi}{360} Q_T \tag{7—23}$$

式中　　Q_T——水轮机的全部流量（$\mathrm{m^3/s}$）；

　　　　φ——测量断面到蜗壳末端的包角。

图 7—13 是一个混凝土蜗壳的测流断面图。现将其分割成宽为 $\mathrm{d}r$、高为 b 的长条，且 $b = f(r)$，则通过这小块面积的流量为

$$\mathrm{d}Q_\varphi = v_u \cdot b \cdot \mathrm{d}r = C \cdot \frac{b}{r} \cdot \mathrm{d}r \tag{7—24}$$

在此基础上，可以通过求自 r_0 至 R 的定积分，来得出通过全部过流断面的流量值为

$$Q_\varphi = C \int_{r_0}^{R} \frac{b}{r} \mathrm{d}r \tag{7—25}$$

式中　　r_0——固定导叶出口边半径（m）；

　　　　R——蜗壳边缘半径（m）。

由式（7—23）和式（7—25）即可得出蜗壳常数 C 的表达式为

$$C = \frac{\varphi Q_T}{360 \int_{r_0}^{R} \frac{b}{r} \mathrm{d}r} \tag{7—26}$$

在式 (7—26) 中, $\int_{r_0}^{R} \dfrac{b}{r} \mathrm{d}r$ 可用图解法求取。具体求法: 在图 7—13 的下方作一自 R 至 r_0 的横坐标轴, 在任一半径 r 点处按纵坐标方向标出相应的 b/r 值, 最后将 $b/r = f(r)$ 连成曲线, 则此曲线与横坐标所围成之面积, 即为所求。求出定积分之后, 将其代入式 (7—26) 即可求得 C 值。

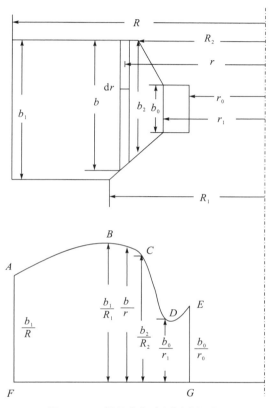

图 7—13　混凝土蜗壳测流断面图

(2) 数解法: 对式 (7—26) 进行解析计算, 计算结果对不同形状的蜗壳的常数 C 值分别如下。

①圆形断面蜗壳 [见图 7—14 (a)]。

$$C = \dfrac{\dfrac{\varphi}{360} Q_T}{2\pi \left(a - \sqrt{a^2 - \rho^2}\right)} \qquad (7-27)$$

②平顶混凝土蜗壳 [见图 7—14 (b)]。

$$C = \dfrac{\dfrac{\varphi}{360} Q_T}{b_1 \ln \dfrac{R}{R_1} + m \ln \dfrac{R_1}{r_1} + b_0 \ln \dfrac{r_1}{r_0} + n(R_1 - r_1)} \qquad (7-28)$$

式中: $m = \dfrac{R_1 b_0 - r_1 b_1}{R_1 - r_1}$, $n = \dfrac{b_1 - b_0}{R_1 - r_1}$。

③T形混凝土蜗壳［见图 7-14（c）］。

$$C = \frac{\frac{\varphi}{360}Q_T}{b_1 \ln \frac{R}{R_1} + m \ln \frac{R_1}{R_2} + m_1 \ln \frac{R_2}{r_1} + b_0 \ln \frac{r_1}{r_0} + n_1(R_1 - R_2) + n(R_2 - r_1)}$$

$$(7-29)$$

式中：$n = \frac{b_1 - b_2}{R_1 - R_2}$，$n_1 = \frac{b_2 - b_0}{R_2 - r_1}$；$m = \frac{R_1 b_2 - R_2 b_1}{R_1 - R_2}$，$m_1 = \frac{R_2 b_0 - r_1 b_2}{R_2 - r_1}$。

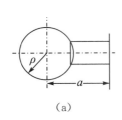 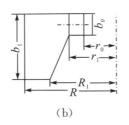 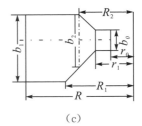

（a）　　　　　　　　（b）　　　　　　　　（c）

图 7-14　蜗壳断面图

3. 蜗壳流量系数 K 的率定

蜗壳流量系数 K 在不同开度和不同水头下始终保持一常数，这给蜗壳测流带来很大的方便。但是要计算系数 K 的精确值是相当困难的。只有通过机组的原型效率试验，才能具体算出系数 K 的精确值。

蜗壳流量系数 K 的率定通常是与机组原型效率试验同时进行的，即在效率试验过程中实测各开度下的流量 Q，同时用差压计测出相应流量下的蜗壳压差 h。根据不同开度下同一系列实测的 Q 值与 h 值，就可点绘 $Q - \sqrt{h}$ 关系曲线（见图 7-15）。

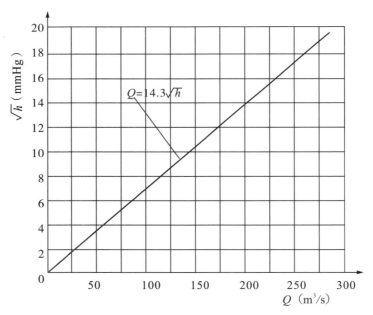

图 7-15　某电站 1 号机蜗壳流量系数关系曲线

为了精确求得 K 值，避免在通过实测点（Q，$\sqrt{h}$）画直线时由于任意性造成误差，可应用最小二乘法原理。其方法如下：

流量与压差平方根为线性关系，故可用下列直线方程来拟合，即

$$\sqrt{h} = bQ + a$$

当诸实测点到直线的偏差的平方和最小时，就说明实测点与直线拟合得最好，据此原理可确定方程式中常数 a 和 b，即

$$a = \frac{\sum_{i=1}^{n} \sqrt{h_i} \sum_{i=1}^{n} Q_i^2 - \sum_{i=1}^{n}(Q_i \sqrt{h_i}) \sum_{i=1}^{n} Q_i}{n \sum_{i=1}^{n} Q_i^2 - (\sum_{i=1}^{n} Q_i)^2}$$

$$b = \frac{n \sum_{i=1}^{n}(Q_i \sqrt{h_i}) - \sum_{i=1}^{n} Q_i \sum_{i=1}^{n} \sqrt{h_i}}{n \sum_{i=1}^{n} Q_i^2 - (\sum_{i=1}^{n} Q_i)^2} \qquad (7-30)$$

所求蜗壳流量系数为

$$K = \frac{1}{b} \qquad (7-31)$$

有了 K 的具体数值之后，就可以根据不同蜗壳压差值由式（7-19）求出不同的流量值，从而可在蜗壳差压计表盘上标出流量的刻度，这样机组在运行时就可直接从表盘上读出通过水轮机的流量值，大大简化了机组的测流工作。

蜗壳流量系数 K 的率定是机组效率试验的主要目的之一。无论用什么方法（如流速仪法或水锤法）进行机组效率试验，只能求得在当时试验条件下电站某一水头的水轮机效率特性曲线。而用流速仪法或水锤法进行效率试验所花的人力、物力是相当大的，同时受各种条件的限制，不可能对各种不同水头都做试验。因此，在机组进行原型效率试验时必须同时测定蜗壳流量系数 K，也就是率定蜗壳流量计，以便在运行条件下，花费较少的人力对电站任一水头继续测定机组的流量和出力，求出各种水头下水轮机效率特性曲线，进而绘制运转综合特性曲线，为电站开展经济运行提供可靠的原始依据。

当电站不具备或暂时不具备现场试验条件时，可采用近似方法确定蜗壳流量系数 K 的值（请参阅有关文献）。

7.4.3　流速仪法测流

1. 基本原理

采用流速仪测量通过水轮机的流量是一种古老的方法，在最佳的测试条件下可达到 $1\% \sim 1.5\%$ 的精度，结果可靠，因此使用较广。我国绝大多数电站水轮机的效率试验都采用流速仪法测流。

使用流速仪测量流量，是将若干个流速仪布置在测量断面上，测出断面上各测点的流速，然后对断面流速分布进行积分，就可求得流量。

水轮机测流只能用螺旋桨式流速仪，如国产 LS25—1 型。它由螺旋桨、壳体、计数机构等组成。螺旋桨承受水流速度而在转轴上旋转，装在壳体内的计数机构有一个齿

轮和转轴相连，当螺旋桨转动一圈时，齿轮即旋转一个齿，而当齿轮转完一周（10 个齿或 20 个齿）时，电触头即接通一次，发出一个脉冲信号，信号记录仪将其记录下来。根据记录时间内的信号次数，可计算出螺旋桨每秒钟的转速 n，而转速 n 与水流速度 v 之间存在如下关系：

$$v = a + bn \tag{7-32}$$

式中　　a——流速仪螺旋桨开始转动时的起始流速（m/s）；

　　　　b——流速仪校正系数。

　　　　a 和 b 值均在流速仪率定时确定。

2. 测流断面的选择

采用流速仪法测流的主要条件是必须选取良好的测流断面，以保证最大可能的测流精度。为此，测流断面应符合下述的基本条件：

（1）测流断面应具有一定的尺寸，以确保测流的精度。国际电工委员会（IEC）于 1979 年制定的《水轮机、水泵及水泵水轮机现场验收试验国际规程》（以下简称《国际规程》）规定的最小尺寸为：矩形和梯形断面，最小宽度和最小水深均为 0.8 m 和 $8d$（d 为流速仪桨叶直径），圆形管道最小内径为 1.4 m 或 $14d$。

（2）测流断面须具有规则的几何形状，并能进行几何丈量。

（3）测量断面应与水流方向垂直，断面内流速分布必须正规，平均流速不小于 0.4 m/s，壁面附近不应存在死区和逆流区。

（4）测流断面应位于管道的直线段，在断面上游侧（5 m 之内）不应有畸化水流的建筑物与金属结构，在断面下游不应有能产生反推力的建筑物，以免水流变形或引起逆流。

（5）在测流断面与水轮机进口（或出口）断面之间不允许存在流量的渗漏损失。

（6）必须防止冰块、赃物、悬浮物进入测量断面。

根据以上条件，对不同类型的水电站，可在不同地点选取测量断面。

小型水电站如果以渠道引水或排水，则测量断面可在渠道直线段内选取，但应离束水建筑物或尾水出口一定距离。

低水头河床式水电站常利用进水口闸门槽作为测流断面，而两侧闸墙上门槽可用作流速仪支架的支承。在此情况下，保证水流的直线平行流动和水位的稳定是极其重要的。可装设适当的稳流栅、稳流筏、潜水顶板以及导水墙等，以改善水流，直至获得所需要的流态为止。

具有较长压力引水钢管的坝后式和引水式水电站，若管径大于 1.4 m，则测流断面常选在钢管直线段上，并使水流在此直线段上、下转弯处引起的流态（沿断面流线分布）破坏足以消失；若管径小于 1 m，在压力钢管内安装流速仪是比较困难的，这时测流断面可考虑在压力前池中选取。

测流断面选定后，必须在现场直接丈量数次，取其平均值作为计算依据。几何测量的精度要求为 0.2%。对圆形断面，应丈量 6 个直径。

3. 流速仪台数及其布置方式的确定

测流断面选定之后，须进一步确定端面测速点数（流速仪台数）及其布置方式。测速点数的多少应以能反映断面上流速分布的全貌为原则。测点过少，每点流速代表面积较大，影响测流精度；测点过多，扰乱水流速度的自然分布，也影响测流精度。根据《国际规程》的规定，测速点数 Z 可由以下公式决定。

对矩形或梯形断面的渠口和进水口，测速点数 Z 按下式确定：

$$24\sqrt[3]{F} < Z < 36\sqrt[3]{F} \tag{7-33}$$

式中　　F——测流断面面积（m²）。

如果进水口用支墩隔成几个孔口，则式中的 F 和 Z 针对一个孔口而言。

在矩形和梯形断面上流速仪测点位置的布置，主要应根据断面流速分布情况来确定。在断面中部流速分布较均匀，测点间距可大些；在侧壁、底部和水面附近，流速变化较大，测点间距应小些。布置在边缘（包括底部）的流速仪应根据工作可靠性、壁面平整性以及流速仪螺旋桨叶大小而定，一般在 $100\sim200$ mm 范围内。至于最上面的流速仪，应尽可能接近水表面，但必须整个埋入水下一定的深度，使水面波动不影响流速的测定。由此可见，沿测流断面四周最好采用直径较小（$d=50$ mm）的流速仪。

《国际规程》规定：在矩形断面上至少需要布置 25 个测点，分布在 5 条水平线与 5 条垂直线的交点上。

对圆形断面的管道，每个半径支臂上测速点数 Z_R 按下式确定：

$$4\sqrt{R} < Z_R < 5\sqrt{R} \tag{7-34}$$

式中　　R——管道半径（m）。

如果流速仪支架采用 $2\sim3$ 个直径测杆（即 $4\sim6$ 个半径支臂），则规定在测杆相交的圆心处必须布置一台流速仪，以测取圆心处流速，这样圆形断面上总的测速点数 $Z=(4\sim6)Z_R+1$。《国际规程》规定：圆形断面的压力，至少需有 13 个测点（包括一个圆心测点），一般不超过 37 个。若流速仪台数已经确定，则增加半径支臂数要比在支臂上增加测速点数较为可取。但支臂数大于 8 或每个支臂上测点数多于 8 都不会提高测流精度，因为产生的堵塞作用会导致平均流速的增大。

在圆形断面上，流速仪测点常布置在通过端面圆心的相互垂直与水平线呈 45° 的直径测杆上，对称于圆心，如图 7-16 所示。流速仪之间的距离按下式确定：

$$r_n = R\sqrt{\frac{2n-1}{2Z_R}} \tag{7-35}$$

式中　　r_n——半径测杆上第 n 个流速仪圆心的距离（m）；

　　　　R——测流断面的半径（m）；

　　　　n——半径测杆上流速仪序号；

　　　　Z_R——每个半径测杆上流速仪总台数（圆心处的流速仪除外）。

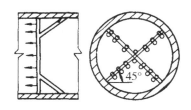

图 7-16　流速仪布置图

4. 流速仪的选用、安装与信号记录

用于水轮机效率试验中测量流量的流速仪，在安装之前必须进行率定，因为流速仪机件受到磨损、损伤或腐蚀，使其原率定的流速 v 与转速 n 之间的关系发生了变化。为了达到一定的测量精度，试验前应对流速仪再次率定，以确定 $v=a+bn$ 中 a 和 b 的值，这种关系也可用曲线 $v=f(n)$ 表示，称为校正曲线。标准校正（率定）流速范围是 $0.4\sim6.0$ m/s，甚至达 8 m/s，如有必要，可将校正曲线外延到最大校正流速的 20% 处（见《国际规程》）。

效率试验用的流速仪只能采用悬桨式流速仪，不允许采用转杯型流速仪，桨叶直径 d 不应小于 100 mm，边缘测点可采用 $d=50$ mm 的小流速仪。此外，所采用的流速仪应满足下列要求：

（1）用手旋转桨叶时，必须灵活，无磨卡现象。

（2）轴承的内外圈不得有生锈的痕迹。

（3）固定轴承的螺丝必须有销锭装置，防止支架振动时引起螺丝松动。

符合上述条件的流速仪才能被选用，将其牢固地安装在测杆上。当测杆直径较大时，在测杆各测点上焊上长度不小于 250 mm 突出的支杆，流速仪和支杆用带有丝扣的螺杆相连接。这样流速仪伸向前方，能消除大直径测杆对所测水流速度值的影响。

流速仪安装固定之后，必须测量它们之间的距离，其准确度为 0.2%。流速仪轴的中心线与水流方向偏离角度不得超过 5°，否则应采用自分量流速仪。

测量断面各测点上安装的流速仪用多股电缆与记录器相连接。电缆股数应比所用流速仪数多一股，这一股导线作为一个公共接地线，通过其中 2~3 个流速仪的负极引至记录器的接地栓上。所有从流速仪引出的各股导线，为了避免在试验时折断，应将他们扭合成瓣状，并且紧紧地捆绑在测杆上，然后将整根电缆引出接向记录器。

流速仪发出的脉信号可用多台光线示波器共同工作来记录，也可用自制脉冲信号记录器（见图 7—17），它由感光灯、指示灯、感光纸带转动机构和时间记录装置组成。

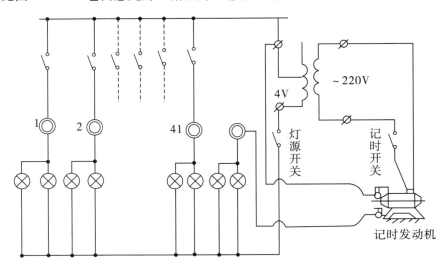

图 7—17 41 线流速仪脉冲信号记录器电路接线

脉冲信号记录器是这样工作的：一方面，每当流速仪螺旋桨转动 10 或 20 圈，流速仪电触头接点就接通一次，于是记录器上的感光灯与指示灯同时亮一次；另一方面，时间记录装置每秒接通一次，使时间感光灯和指示灯也随着每秒亮一次。由于感光纸带随转动机构以一定速度向前转动，这样就可把感光灯工作过程在纸带上感光而记录下来，记录图形如图 7－18 所示。

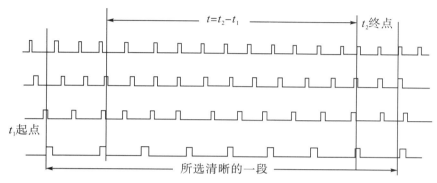

图 7－18 流速仪脉冲信号记录图

在运行工况稳定后才能发出读数信号，启动转动机构发动机，进行记录。一般记录时间至少应保持 5 min，如果发现水流有周期脉动现象，则记录时间至少延长 4 个脉动周期。

最好采用机械式的时间记录装置，这样记录图上时间标记与周波变化无关。当采用与系统周波同周期作为时间标记时，必须记录实际周波值，按下式进行修正：

$$t_0 = t \frac{f_0}{f} \qquad (7-36)$$

式中　　t_0——修正后用于计算流速仪转速 n 的时间（s）；

　　　　t——记录图上所选取的时间（s）；

　　　　f_0——标准周波（Hz）；

　　　　f——实际记录周波（Hz）。

5. 流速分布图的绘制与流量的计算

1）流速分布图的绘制

为了绘制流速分布图以便推求流量，首先要计算出在某一导开度下每个测点的流速值。为此应在感光纸带上选取记录信号最清晰的一段，其持续时间不少于 2～3 min。在此段内，对流速仪所记录的每根点线，在其两端各选一记录信号作为起点和终点，其对应时刻为 t_1 和 t_2（见图 7－18），则流速仪工作时间为 $t = t_2 - t_1$，再统计在 t 时段内流速仪信号数为 m（应取整数），若流速仪信号每接通一次螺旋桨需转动 K 圈（一般 $K =$ 10 或 20），则流速仪转速 n 为

$$n = \frac{Km}{t} \qquad (7-37)$$

可应用式（7－32）或校正曲线将转速 n 换算成流速 v。各测点流速计算应列表进行。

求出导叶某一开度下断面各测点的流速之后，就可绘制流速分布图。对矩形和梯形断面可绘制沿垂直测线的流速分布图，如图 7-19（b）所示；对圆形断面则可绘制沿半径的流速分布图，如图 7-20 所示。

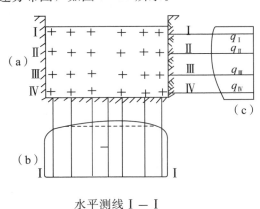

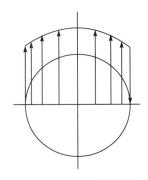

水平测线 I—I

图 7-19　矩形断面中流速和单位流量分布图　　图 7-20　沿钢管直径的流速分布

为了绘制管壁附近的流速分布曲线，下面讨论流速分布图中边缘流速的插值问题。

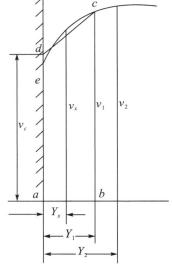

从最靠近边缘的一个测点到壁面这一段范围内的水流速度，由于无法安装流速仪而不能实测，但可用插补法来解决。这一段范围内流速分布规律假设符合指数函数为

$$v_x = KY_x^{\frac{1}{c}} \qquad (7-38)$$

式中　　v_x——插补点的流速；

Y_x——插补点离壁面距离；

K——某一常数；

c——与雷诺数有关的指数。

若已知最边缘上一个测点的实测流速值 v_1，此点离壁面距离为 Y_1（见图 7-21），则按指数函数关系插补点流速 v_x 值可用下式求得

$$v_x = v_1 \left(\frac{Y_x}{Y_1}\right)^{\frac{1}{c}} \qquad (7-39)$$

图 7-21　边缘流速的差补

指数 c 值可利用最靠近壁面的两个测点的实测流速值来确定，由式（7-39）可以写出方程式

$$\frac{v_1}{v_2} = v_1 \left(\frac{Y_1}{Y_2}\right)^{\frac{1}{c}}$$

由此得

$$c = \lg \frac{Y_1}{Y_2} / \lg \frac{v_1}{v_2}$$

为了简化计算，常将 c 值取为 $7 \sim 10$。

根据确定的 c 值，可利用式（7－39）来插补近壁段 $2 \sim 3$ 点的流速值。这样就可画出近壁段流速分布曲线，从而可绘出完整的流速分布图，以便计算流量。

为求流量而绘制的流速分布图，其近壁段流速分布也可不绘出曲线而用线 cd 和虚拟流速 v_c 来代替，如图 7－21 所示。虚拟流速 v_c 值可由梯形 $abcd$ 的面积与该段真实流速分布图 $abcea$ 的面积相等来确定。

近壁段流速分布图 $abcea$ 的面积为

$$F_1 = \int_0^{Y_1} v \, \mathrm{d}Y = \int_0^{Y_1} K Y^{\frac{1}{c}} \, \mathrm{d}Y = \frac{Kc}{c+1} Y_1^{\frac{c+1}{c}}$$

考虑到 $K = \dfrac{v_1}{Y_1^{\frac{1}{c}}}$，得

$$F_1 = \frac{c}{c+1} v_1 Y_1$$

梯形 $abcd$ 的面积为

$$F_2 = \frac{1}{2}(v_1 + v_c) Y_1$$

由于 $F_1 = F_2$，得

$$v_c = \frac{c-1}{c+1} v_1 \tag{7-40}$$

这样，在流速分布图壁面处画上虚拟流速 v_c，并用直线将 v_c 与 v_1 顶点相连，也得到一完整的流速分布曲线，同样可用来计算流量。

为了观看流速分布情况及校核流速计算中有无错误，可将不同导叶开度下同一测线上的流速分布曲线绘在一张图上（见图 7－22），这样就可根据流速分布规律而判断流速的计算是否正确。一般而言，两个相邻开度的曲线接近平行。若流速分布曲线相互交

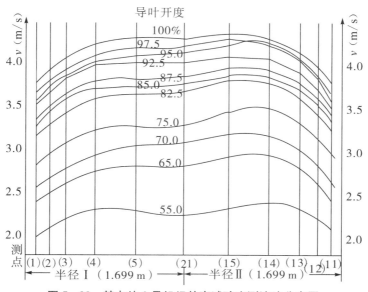

图 7－22　某电站 2 号机组效率试验实测流速分布图

错，则应校核计算是否错误。如计算无误，则流速交叉的现象可能是流速本身或其他原因使水流发生变化而造成的。

2）用图解法计算流量

对矩形和梯形的测流断面，其流量可用逐次图解积分法求得，即

$$Q = \int_0^h \mathrm{d}h \int_0^b v \mathrm{d}b \qquad (7-41)$$

式中　h——测流断面的水深（m）；

　　　b——测流断面的宽度（m）。

由此可见，断面流量可以这样求得：根据绘制的某一水平测线上流速分布图（见图7—19中水平测线 I—I），用求积仪量出速度分布曲线和水平测线所包的面积，它表示以此水平测线为基准的单位水深（$h=1$）的过水断面所通过的流量，此流量可称为单位流量q。如果绘制流速分布图时是用的流速比例尺为M_v（m/s·cm），宽度比例尺为M_b（m/cm），则单位流量为

$$q = M_v M_B \int_0^b v \mathrm{d}b$$

按此方法求出所有水平测线上的单位流量q_I，q_{II}，q_{III}，…。如果用水深比例尺M_h（m/cm）定出纵坐标上各水平测线的位置，用单位流量比例尺M_c［m²/(s·cm)］在横坐标方向标出对应于各水平测线的单位流量值，再以平滑曲线连接各顶点，则所得曲线称为单位流量分布曲线，如图7—19（c）所示，其面积即为在某一导叶开度下通过测流断面的流量，其计算公式为

$$Q = M_h M_q \int_0^h q \mathrm{d}h \qquad (7-42)$$

其值可用求积仪确定。

对圆形测流断面，其通过流量可根据每个半径测杆上的流速分布图分别求得，然后取它们的算术平均值作为最终结果。

在计算中假定：半径测杆上任一点，如图7—20的A点，所测得的流速值为v_a，则点A所在的整个环形截面上的流速值都是一样的。根据这一假定，通过圆形断面流量为

$$Q' = 2\pi \int_0^R v r \mathrm{d}r \qquad (7-43)$$

此积分可用图解法求解。首先根据所绘制的半径测杆上的流速分布图，将各测点处流速v乘上该点到圆心的距离r，然后将所得的积vr标在该点下方，再通过vr值的端点绘制平滑曲线，如图7—23（a）所示。用求积仪量出图上的阴影面积，乘以2π和比例尺，即得上述积分式所表示的流量值Q'。

如果测流支架是采用两根互相垂直的测杆，则按上述方法分别对四个半径求出流量Q'_I、Q'_{II}、Q'_{III}、Q'_{IV}，取其算术平均值作为计算结果，则

$$\bar{Q}' = \frac{1}{4}(Q'_I + Q'_{II} + Q'_{III} + Q'_{IV})$$

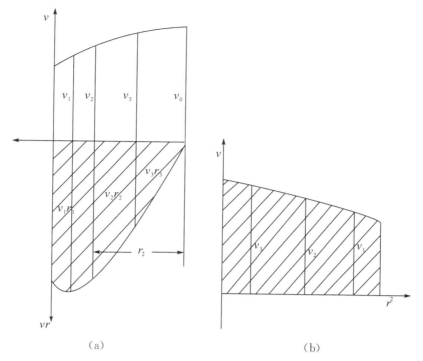

(a)　　　　　　　　　　　　　　　(b)

图 7-23　图形断面计算流量的图解法

通过圆形断面流量还可用另一积分式表示，即

$$Q'' = \int_0^F v\mathrm{d}f = \pi \int_0^{R_2} v\mathrm{d}r^2 \tag{7-44}$$

此式也可用图解法求解，即将半径测杆上的流速分布曲线——v 与 r 的关系曲线换算成 v 与 r^2 的关系曲线，如图 7-23（b）所示，用求积仪求出图中阴影面积，再乘以 π 和比例尺，即得流量 Q''。四个半径的平均值为

$$\overline{Q}'' = \frac{1}{4}(Q'_\mathrm{I} + Q'_\mathrm{II} + Q'_\mathrm{III} + Q'_\mathrm{IV})$$

按上述两个方法所求得的两个流量 $\overline{Q}'$ 与 $\overline{Q}''$ 之差不应超过其平均值的 1%，此时通过断面的最终实测流量可取两者平均值，即

$$Q = \frac{1}{2}(\overline{Q}' + \overline{Q}'')$$

7.4.4　超声波法测流

1. 超声波法测流的基本原理

当超声波在流动介质中传播时，相对于固定的坐标系统而言（如管道中管壁），其声波的某些声学特性与在静止介质中的不同，在其基础上叠加了流体的流速信息，根据超声波声学特性随流速的变化就可以求出介质的流动速度。

利用超声波在不同流速的流动介质中传播时声学特性的不同，可制成超声波流量计。超声波流量计根据其测量原理可分为传播速度差法和多普勒频移法，其中传播速度差法又可分为时间差法、相应差法和频率差法。目前常用的测量方法主要有时间差法和多普勒频移法两种。

时间差法超声波流量计的工作原理如图 7－24 所示。

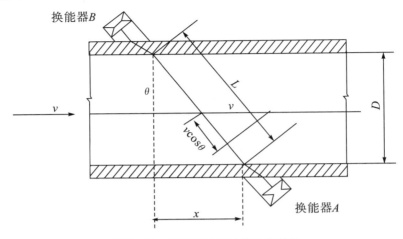

换能器B

θ

L

v

$v\cos\theta$

D

v

x

换能器A

图 7－24　超声波流量计的工作原理

超声波在流体中的传播速度，顺流方向和逆流方向是不一样的，其传播的时间差和流体的流速成正比。因此，只要测出超声波在顺流和逆流两个方向上传播的时间差，就可求出流体的流速，再乘上管道面积，便可得到管道中流体的流量。

在图 7－24 中，超声波顺流从换能器 A 传送到换能器 A 的传播时间 t_1 为

$$t_1 = \frac{L}{c + v\cos\theta}$$

反之，超声波逆流从换能器 A 传送到换能器 B 的传播时间 t_2 为

$$t_2 = \frac{L}{c - v\cos\theta}$$

式中　　c——超声波在静止流体中的传播速度（m/s）；

v——介质的流动速度（m/s）；

L——超声波在换能器之间传播路径的长度（m）。

超声波顺流传播和逆流传播的时间差 Δt 为

$$\Delta t = t_2 - t_1 = \frac{2vL\cos\theta}{c^2 - v^2\cos^2\theta} = \frac{\dfrac{2vx}{c^2}}{1 - \dfrac{v^2}{c^2}\cos^2\theta}$$

式中　　x——超声波传播路径的轴向分量。

由于声波 c 在水中的传播速度为 1500 m/s 左右，而流速 v 只有每秒数米，c 远远大于 v，故超声波顺流和逆流传播的时间差 Δt 为

$$\Delta t = \frac{2vx}{c^2}$$

则

$$v = \frac{c^2}{2x}\Delta t \tag{7－45}$$

式（7-45）表明，只要测出时间差 Δt，便可以计算出流速 v。

利用时间差法测量和计算出的流速是超声波测量声道上的线平均流速，而计算流量所需要的是流道横截面的面平均流速，两者的数值是不同的，其差异取决于流速分布状况。因此，必须用一定的方法对流速分布进行修正，进而用面积积分法求出断面的过流量。流经管道的体积流量 Q 可表示为

$$Q = \frac{\pi D^2}{4}kv \tag{7-46}$$

式中　Q——管道中流体的流量（m^3/s）；

　　　D——管道直径（m）；

　　　k——流速分布修正系数。

2．超声波法测流的声道布置

超声波换能器有两种：一种是发射换能器；另一种是接收换能器。发射换能器利用压电材料的逆压电效应，将电路产生的发射信号施加到压电晶片上，使其产生振动，发出超声波，实现由电能到声能的转换。接收换能器是利用压电材料的压电效应，将接收到的声波经压电晶片转换为电能，完成由声能到电能的转换。

发射换能器和接收换能器是可逆的，即同一个换能器，既可以作发射用，又可以作接收用，由控制收发系统的开关脉冲来实现。按照换能器的布置方式的不同，可分为 Z 法（透过法）、V 法（反射法）和 X 法（交叉法），如图 7-25 所示。

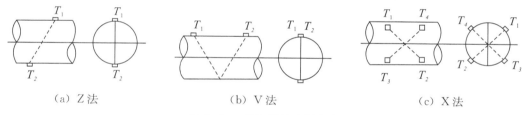

（a）Z 法　　　　　（b）V 法　　　　　（c）X 法

图 7-25　换能器的布置方式

超声波传播途径越短，信号越强。实践表明，Z 法安装的换能器超声波信号强，测量的稳定性也好。

当管道直径较大时，为了提高测流精度，需要在管道中布置多声道。对于圆管来说，有双声道、4 声道和 8 声道等布置方式。

当采用双声道时，需装设 4 个超声波换能器，双声道交叉式换能器布置如图 7-25（c）所示。

由上述声道布置可以看出，超声波测流时所测得的实际上是管道上某两点间的线平均流速。当过流断面面积增大时，为达到一定的测量精度，需布置更多的声道，以减小断面流速分布不均的影响。例如，对大型轴流式水轮机的矩形断面或梯形过水断面，有时需要布置 16 声道或者更多声道。求出各声道的线平均流速后，再用断面积分法求出断面过流量。

3．超声波法测流的优缺点

超声波法测流的优点：采用非接触测量方式，对流场无干扰，不影响机组的正常运

行和管路的正常工作；能进行动态测量，可直接测得瞬时流量和累计流量，实现流量、效率的长期在线实时测量和运行监测；应用范围广，没有最高流速限制，特别适用于大管径、大流量的测量；测流装置安装测试简便，使用灵活，维护方便。

超声波法测流的缺点：超声波流量计对信号处理要求较高，设备比较复杂；水温变化对超声波传播速度有较大影响，温度变化较大时应对声速进行补偿；当水流中气体、泥沙或悬浮物达到一定含量时，对超声波传播与测流精度有影响。因此，超声波法测流适用于清水或含沙量小于 10 kg/m³ 的水流。

目前，超声波流量计已在水电站中被广泛应用。我国南京自动化研究院开发的 UF 系列多声道超声波流量计，采用多声道流速测量加权积分计算流量，较好地解决了流态分布、信号处理、各种管道渠道现场定位安装等技术难题，可用于大尺寸过水断面流量的稳定准确测量，可测量圆管直径达 15 m、渠宽 100 m 的过流量。

7.5　水力量测系统的设计

7.5.1　水力量测系统方案的拟定

水力量测系统首先应满足为水电站安全与经济运行服务的运行监测方面的要求，同时还应考虑为改进设计而进行的科学试验提供必要的条件。

对于机组台数较多且并入系统运行的水电站，为满足水电站自动控制的要求，应将有关的水力参数传送到中控室，甚至传送到系统调度所，以便合理分配负荷，提高水电站的运行效率，发挥水电站的最大经济效益。

在设计时，应根据水电站的形式、机组容量、台数、在系统中的作用和地位，以及水工或其他方面的要求，统一考虑确定测量项目、测量地点和仪表装设位置，以及参数传递与接收的方式和自动化程度等。例如，是选用测压管传送还是电气传送，是采用音响信号还是指针显示、自动记录等。

通常设计水力量测系统时，应从下面两方面考虑。

1. 全厂性测量

为了了解水电站机组运行情况和调度所提供水电站比较准确的水力参数资料，就必须设置若干全厂性的水力监测装置。属全厂性测量的项目有上游水位（水库或压力前池）、尾水位、装置水头和水库水温等。

2. 机组段测量

机组段测量的主要目的是监测机组的运行情况或为改进机组过流部件的设计提供资料。属于机组段测量的项目有拦污栅前、后压力差水轮机工作水头，水轮机过流量，管道及蜗壳压力，尾水管进口压力与真空以及尾水管出口压力，尾水管内水流特性等。

对于大型水电站，除机组引、排水系统设置测量装置外，还应考虑对辅助设备系统的监测，如冷却水和渗漏排水的测量等。

水力量测系统的设计步骤：首先是搜集有关的资料，包括电站所在地的水文气象资料，上、下游水位及其变化幅度，电站是否投入系统以及电力系统对水电站的要求，水电站的总体布置，机电设备的特点等。其次，根据本电站的特点和要求确定设置的测量项目。在确定测量项目时，既要满足水电站运行监测和试验性的测量的近期要求，又要考虑将来发展的需要，特别是在预埋管路的布置上应适当留有余地。再次，根据国内仪表生产情况和水电站的自动化要求进行监测设备的选择（包括必要的计算），确定监测方式、测点位置、仪表型号和测量上限。然后，拟定水力量测系统图，具体反映出测量项目、监测方式、测点位置和仪表位置地点。图 7−26 为大型水电站水力量测系统图。最后，绘制施工详图，包括埋设管路布置图、仪表安装图和仪表盘面刻度图等。

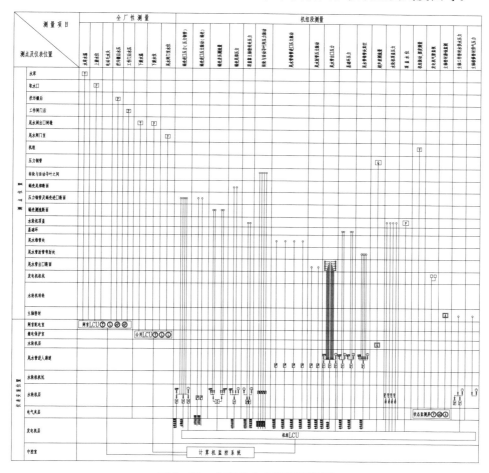

图 7−26　水电站水力量测系统图

7.5.2　水力量测系统的布置

1. 水位

（1）水位测量的布置应符合如下要求：

①上游水位测量部位应选在上游进水口附近水流较平稳且便于观测处，其测量范围应低于死水位和高于校核水位。调压室水位的测量范围应能满足过渡过程最低水位及最大涌浪高的测量要求。

②下游水位测量部位宜选在尾水出口水面较为稳定处，其测量范围应能满足最低尾水及最高尾水测量要求。

（2）水位监测宜选择如下设备：

①直读水尺刻度可按实际高程标注，最小刻度为 1 cm。

②采用计算机监控或要求对上、下游水位实现遥测时，应选用数字式水位测量装置、电容式压力传感水位计或其他类型的水位传感器。宜同时设置上、下游调压室水位传感器。

2. 水温

水温测量应符合如下要求：

（1）常规水库水温测量可选用移动式温度计，量程宜为 0～50℃。

（2）抽水蓄能电厂宜分别在上、下库设置水温度计（传感器），量程宜为 0～50℃。

（3）温度测量误差宜不大于±0.5℃。

3. 压力

（1）拦污栅前后压差监测应符合如下要求：

①根据自动化程度和现场布置条件，可分别选用浮子式遥测液位计、双波纹管差压计和差压变送器等水位传感器。对污物较多的，宜选用差压变送器。

②抽水蓄能电厂宜在上、下库拦污栅后分别设置水位传感器。

③选用差压仪表时，仪表应布置在上游最低水位以下。对于坝后式、河床式电厂，差压变送器可布置在坝内廊道或主厂房水轮机层，二次仪表可布置在中控室。

④压差信号整定应分故障信号和停机信号。其中故障信号的整定值宜为 0.8～4 m 水头压差，对于低水头灯泡贯流式机组，其整定值可适当降低。事故信号的整定值应以拦污栅的设计最大荷载为上限。

（2）蜗壳进口压力监测应按如下要求设置：

①测点应布置在蜗壳进口直段适当断面上，并按 45°方向对称布置 4 点。

②压力表或压力变送器宜布置在水轮机层。

（3）蜗壳末端压力监测应按如下要求设置：

①测点应布置在靠近蜗壳尾部最小断面处，可布置 3 点。

②压力表计宜布置在水轮机层。

（4）水轮机顶盖压力监测应按如下要求设置：

①测点位置宜由制造厂家提供。

②测量表计宜选用压力真空表。

③仪表宜布置在水轮机层。

（5）水轮机止漏环进、出口压力监测应按如下要求设置：

①测点位置宜由制造厂家提供。

②表计宜选用压力表或压力真空表。

③仪表宜布置在水轮机层。

（6）水位管进口压力监测应按如下要求设置：

①测点宜布置在锥管距转轮出口（0.3～0.7）D_1（D_1 为水轮机转轮直径）处，应

对称布置 4 个测点。

②测量表计宜选用压力真空表，其量程上限应根据可能产生的压力确定。对于可逆式水泵水轮机组，应考虑水泵突然断电时的最大压力升高值。

（7）肘管压力监测应按如下要求设置：

①对于可逆式水泵水轮机组，应对肘管压力进行监测，宜在进口、中间和出口选取 3 个测量断面，进口断面应对称布置 4 点，其他断面宜对称布置 2~3 个测点。

②表计宜选用压力表。

③仪表宜布置在水轮机层。

（8）尾水管出口压力监测设置要求如下：

①尾水管出口断面上的测点宜不少于 5 点。

②表计宜布置在水轮机层或尾水廊道。

4. 流量

（1）蜗壳测流装置设置要求如下：

①蜗壳测流断面宜在 45°处选取。宜选取 3 个测点，应分别布置在蜗壳顶部、外侧和下部 45°处。

②表计宜选用压差计，或差压变送器。

③仪表宜布置在水轮机层。

④对水锤法、超声波法、流速仪法以及热力学法等蜗壳测流的率定方法，应经技术经济比较后确定。

（2）水锤法测流应按如下要求设置：

①采用水锤法测流时，其测点应布置在压力钢管的直管段部分，两测量断面的距离不宜小于管道断面最大尺寸的 2 倍。每个断面上应对称布置 4 个测点。

②水锤测流装置接口宜布置在廊道内。

（3）超声波测流应按如下要求设置：

①在压力钢管直管段适当部位预埋探头，直管段长度不宜小于 $10D$（D 为钢管直径）。当探头布置在有压长尾水洞上时，其直管段长度不宜小于 $3D$（D 为管径）。

②移动式超声波测流装置宜靠近测量部位施测。

（4）尾水管测流应按如下要求设置：

①对于抽水蓄能电厂，除应设置压力钢管测流及蜗壳测流外，水泵工况宜采用尾水管测流。

②宜选用差压法。

③宜在尾水管进、出口之间选取 2 个测流断面，每个断面宜布置 3~4 个测点。

④表计宜选用差压计及差压变送器。

⑤仪表装置宜布置在水轮机层。

（5）对于水头大于 100 m 的水电厂，可采用热力学法测流。

（6）当精度要求不高时，可采用流速仪法测流。

7.5.3 测量仪表及管路系统

（1）水力监视测量仪表应符合如下要求：

①所用仪器仪表经过计量部门校验率定合格，并注明检验日期。

②仪表的量程应能满足可能承受的最大压力，次压力应是最大工作水头（扬程）与水锤上升值之和。

③在稳定负荷（指所测压力每秒变化不大于仪表满刻度1%的）下，被测压力的最大值不宜超过仪表满量程的3/4。

④在波动负荷（指所测压力每秒变化不大于仪表满刻度1%的）下，被测压力的最大值不宜超过仪表满量程的2/3。

⑤压差计、压力变送器、压差变送器量程的上限应按被测压力最大值选定。

（2）水力监测仪表宜集中布置在被测对象附近。

（3）直读式表计安装高度应便于观察和有足够的照明。

（4）所有仪表均应标明其用途。

（5）管路系统的管材与管径应按如下原则选择：

①测压管宜选用不锈钢管、镀锌钢管、铜管或具有其他抗锈蚀图层的无缝钢管等。

②测压管管径随机组容量及尺寸大小有所不同。水头低、尺寸大时，管径可适当增大；水头高、尺寸小时，管径可适当减少。对于镀锌管，管径不宜小于DN15；对于不锈钢管，管径不宜小于10 mm，壁厚应不小于1 mm。

③当水质腐蚀性较强、含泥沙较多时，管径应适当加大，管壁应适当加厚。

④埋管管径宜比明管适当加大。

（6）管线布置应符合如下要求：

①测量系统预埋管路宜直线布置，避免倒坡。

②宜尽量减少测压管路接头，被测部位宜采取补强措施。

③所有测压管路安装完毕后应按规定进行水压试验。

④在施工过程中所有测点及管口均应临时封锁严密。

⑤水中含泥沙较多时，应采取防止泥沙淤堵措施。

⑥管路系统应有良好的排气措施。

参考文献

[1] 范华秀. 水力机组辅助设备 [M]. 北京：水利电力出版社，1987.

[2] 陈存祖，吕鸿年. 水力机组辅助设备 [M]. 北京：水利电力出版社，1995.

[3] 李郁侠. 水力发电机组辅助设备 [M]. 北京：中国水利水电出版社，2013.

[4] 闵凤. 水电站阀门 [M]. 武汉：长江出版社，2011.

[5] 水电站机电设计手册编写组. 水电站机电设计手册（水力机械）[M]. 北京：水利电力出版社，1983.

[6] 水力发电厂机电设计规范（DL/T 5186－2004）[S]. 北京：中国电力出版社，2004.

[7] 水力机械辅助设备系统设计技术规定（DL/T 5066－1996）[S]. 北京：中国电力出版社，1997.

[8] 陈德新. 传感器、仪表与发电厂监测技术 [M]. 郑州：黄河水利出版社，2006.